PRÉVISION DU TEMPS.

50ᶜ ALMANACH 50ᶜ
ET
CALENDRIER MÉTÉOROLOGIQUE
POUR
L'ANNÉE 1874,

À L'USAGE
DE L'HOMME DES MERS ET DE L'HOMME DES CHAMPS;

PAR

F.-V. RASPAIL.

PARIS
CHEZ L'ÉDITEUR DES OUVRAGES
de M. Raspail,
RUE DU TEMPLE, 14
(Hôtel de ville).

BRUXELLES
A L'OFFICE DE PUBLICITÉ,
LIBRAIRIE NOUVELLE,
46, rue de la Madeleine, 46.

EN VENTE AU MÊME BUREAU,
14, RUE DU TEMPLE, A PARIS.

HISTOIRE NATURELLE DE LA SANTÉ ET DE LA MALADIE chez les végétaux et les animaux en général et en particulier chez l'homme, — par F.-V. RASPAIL. — 3ᵉ édition, entièrement refondue et considérablement augmentée, avec des figures sur bois dans le texte, et 19 planches gravées sur acier d'après les dessins de son fils F.-Benj. RASPAIL. 3 forts volumes grand in-8.

PRIX DE L'OUVRAGE : { avec figures en noir............ 30 fr.
{ avec figures coloriées............ 40 fr.

Afin de mettre cet ouvrage à la portée de toutes les bourses, on a pris le parti de le vendre par volume et même par série de livraisons, quoique l'ouvrage soit complet et achevé depuis mars 1860.

REVUE ÉLÉMENTAIRE DE MÉDECINE ET DE PHARMACIE DOMESTIQUES, ainsi que des sciences accessoires et usuelles, mises à la portée de tout le monde, par F.-V. RASPAIL. 2 beaux vol.; — 1847-1849. Prix de chaque volume... 6 fr.
Par la poste.. 6 fr. 75

REVUE COMPLÉMENTAIRE DES SCIENCES APPLIQUÉES à la Médecine et Pharmacie, à l'Agriculture, aux Arts et à l'Industrie, par F.-V. RASPAIL. 6 vol. in-8°. Ce recueil, exclusivement consacré aux sciences d'observation, et qui a paru du 1ᵉʳ août 1854 au 1ᵉʳ juillet 1860, est une publication complémentaire de toutes les publications de M. Raspail, ne renfermant que des articles originaux, résultats raisonnés de ses nouvelles observations, expériences ou applications, en médecine humaine ou vétérinaire, pharmacie, physiologie animale et végétale, météorologie appliquée à l'agriculture, études sur l'agriculture des Flandres, etc., arts, industrie, chimie, physique, études physiognomoniques et toxicologiques, etc., etc.

Ce recueil est la continuation de la *Revue élémentaire de Médecine et Pharmacie domestiques*, journal qui a cessé de paraître le 15 mai 1849. Prix de chaque volume... 6 fr.
Par la poste.. 6 fr. 75

NOUVELLES ÉTUDES SCIENTIFIQUES ET PHILOLOGIQUES (1861-1864), par F.-V. RASPAIL. Gros in-8°, avec 14 planches (10 sur cuivre et 4 sur pierre), dessinées, gravées et lithographiées par son fils F.-BENJ. RASPAIL. — Le caractère de ce recueil est suffisamment indiqué par l'épigraphe : *De omni re scibili* (On ne doit rester étranger à rien de ce que l'on peut apprendre). — Il peut être considéré comme une continuation, sous une forme non périodique, de la *Revue complémentaire des Sciences appliquées* (1854-1860). — Prix.. 10 fr.
Par la poste.. 11 fr.

NOTICE THÉORIQUE ET PRATIQUE SUR LES APPAREILS ORTHOPÉDIQUES de la méthode hygiénique et curative de F.-V. RASPAIL, par CAMILLE RASPAIL FILS, médecin. — Brochure in-8°, avec figures sur bois dans le texte. — 2ᵉ édition. — Prix.. 1 fr. 25 c.

ALMANACH

ET

CALENDRIER MÉTÉOROLOGIQUE

POUR

L'ANNÉE 1874.

OUVRAGES RÉCEMMENT PARUS

RÉFORMES SOCIALES
Par F.-V. RASPAIL
Un vol. grand in 8°. — 6 fr. 50 c.; — par la poste : 7 fr.

RELATION DE LA GUERRE EN NORMANDIE
1870-1871
Par XAVIER RASPAIL
Médecin, Ex-Aide-Major au 1er Éclaireurs de la Seine
Un volume in-18 jésus : 3 fr.

(*Envoi contre mandat ou timbres-poste.*)

PRÉVISION DU TEMPS

ALMANACH

ET

CALENDRIER MÉTÉOROLOGIQUE

POUR

L'ANNÉE 1874,

A L'USAGE

DE L'HOMME DES MERS ET DE L'HOMME DES CHAMPS;

PAR

F.-V. RASPAIL.

PARIS	BRUXELLES
CHEZ L'ÉDITEUR DES OUVRAGES	A L'OFFICE DE PUBLICITÉ,
de M. Raspail,	LIBRAIRIE NOUVELLE
14, RUE DU TEMPLE, 14	46, rue de la Madeleine, 46
(près de l'Hôtel de Ville.)	

N° I.

L'année grégorienne 1874 correspond :

Aux neuf derniers mois de l'année LXXXII et aux trois premiers de l'année LXXXIII de l'ère républicaine, qui a commencé le 22 septembre à minuit ;

A l'année 6587 de la période julienne ;

A l'an 2650 des Olympiades ou à la 2ᵉ année de la 663ᵉ Olympiade * ;

A l'an 2627 de la fondation de Rome ;

A l'an 1290 de l'Hégyre **, calendrier turc, qui commence le 1ᵉʳ mars 1873 et l'année 1291 commence le 18 février 1874.

---

* OLYMPIADE, espace de quatre ans entiers entre deux jeux olympiques, dans l'ancienne Grèce. La chronologie comptait par Olympiade et par quart d'Olympiade (1ʳᵉ année, 2ᵉ année, 3ᵉ année et 4ᵉ année de telle ou telle Olympiade). Les Romains comptaient par LUSTRE, espace de cinq ans compris entre deux époques expiatoires. Notre langue, toujours un peu prétentieuse et académique dans son exquise politesse, a retenu cette locution abréviative pour désigner un âge qui n'est plus le printemps et qui n'est pas encore l'automne. « *J'ai huit lustres* » dispense de dire : « *J'ai quarante ans* » ; l'énigme est un faux-fuyant qui retarde l'aveu.

** D'où est venu notre mot d'*ère*. HÉGYRE, en arabe, signifie *fuite*, c'est-à-dire le jour de la fuite de Mahomet, qui, persécuté à la Mecque, commença sa mission en se retirant à *Yatreb*, aujourd'hui *Médine*.

N° II.

COMPUT ECCLÉSIASTIQUE.		QUATRE-TEMPS.	
Nombre d'or en 1874	13	Février	25, 27 et 28
Épacte	XII	Mai	27, 29 et 30
Cycle solaire	7	Septembre	16, 18 et 19
Indiction romaine	2	Décembre	16, 18 et 19
Lettre dominicale	D		

FÊTES MOBILES.

Septuagésime.	1er février	Pentecôte	24 mai
Cendres	18 février	Trinité	31 mai
Pâques*	5 avril	Fête-Dieu	4 juin
Rogations	11, 12 et 13 mai	1er dimanche de	
Ascension	14 mai	l'Avent	29 novembre

* La Pâque des Israélites ou la fête de la pleine lune (P. L.) la plus proche de l'équinoxe du printemps, tombe, cette année, le mercredi 1er avril 1874. Les chrétiens ne la célèbrent que le dimanche suivant, qui, cette année, tombe le 5 avril. La raison en est qu'ils ne veulent pas célébrer cette fête le même jour que les Juifs, leurs grands-pères. Caprice de la haine d'intolérance, qui est aveugle comme toutes les haines! Ils veulent célébrer la Pâque de la même manière que l'a célébrée Jésus de Nazareth, qui est né et mort Juif; or, Jésus l'a célébrée, toute sa vie, le 14 de la lune de mars, et ne l'a jamais renvoyée au samedi suivant, qui était le dimanche des Juifs et le sien. Que voulez-vous? les religions ne raisonnent pas; l'arbitraire en est l'essence: Jésus s'est fait faire une ablution par Jean, qui était Juif; nous avons élevé cette action à la dignité de sacrement; il s'est fait circoncire, et, dans certaines églises, on a longtemps conservé le culte du prépuce, ou produit de sa circoncision; or, les chrétiens ont la circoncision en horreur. Pourquoi maudire la circoncision et adorer en même temps Jésus qui s'honora d'être circoncis? Par la même raison qu'on croit à l'Ancien Testament

N° III.

COMMENCEMENT DES QUATRE SAISONS EN 1874.

Printemps. le 20 mars à 6 h. 47 m. du soir.
Été....... le 21 juin à 3 h. 16 m. du soir,
Automne.. le 23 septembre à 5 h. 32 m. du matin.
Hiver..... le 21 décembre à 11 h. 31 m. du soir.

N° IV.

Il y aura en 1874 deux éclipses de soleil et deux éclipses de lune :

1° Éclipse totale de soleil, invisible à Paris, le 16 avril 1874 ;

2° Éclipse partielle de lune, invisible à Paris, le 1er mai 1874 ;

3° Éclipse annulaire de soleil, visible à Paris comme éclipse partielle, le 10 octobre 1874 ; de 9 h. 16 m. 9 du matin à 11 h. 29 m. 8 du matin ;

4° Éclipse totale de lune, en partie visible à Paris, le 24 octobre 1874 ; de 4 h. 52 m. 9 à 9 h. 58 m. du matin pour l'entrée et la sortie de la pénombre ; de 5 h. 50 m. 8 à 9 h. 0 m. 1 du matin pour l'entrée et la sortie de l'ombre.

et qu'on a longtemps condamné aux bûchers ceux de qui nous tenons la lettre et le sens de ces livres, ainsi que la foi aveugle en ces légendes. Quand donc les hommes adoreront-ils Dieu en toute humilité, chacun à sa manière, dans le langage de son cœur, et sans faire un crime à personne de la façon particulière dont il l'adore autrement? La vie humaine ne sera jusque-là qu'un féroce et stupide combat ou une arène de discussions oiseuses et stériles.

N° V.

EXPLICATION DES ABRÉVIATIONS ET SIGNIFICATION DES MOTS EMPLOYÉS DANS LES DIVERS CALENDRIERS DE CE LIVRE.

Conjug. — Conjugaison, époque à laquelle la lune et le soleil sont dans le plan du même degré de latitude terrestre, c'est-à-dire au même degré de déclinaison.

Eq. L. — Équilune, époque à laquelle la lune se trouve sur la ligne équinoxiale ou équateur, c'est-à-dire à 0° de déclinaison.

Équinoxe. — Époque à laquelle le soleil se trouve sur la ligne équinoxiale, c'est-à-dire à 0° de déclinaison, de manière que les nuits (*noctes*) soient égales (*aequae*) aux jours. Le soleil passe deux fois chaque année sur cette ligne: l'une qui détermine le commencement de la saison du printemps (*équinoxe du printemps*) et l'autre celui de la saison d'automne (*équinoxe d'automne*).

L. A. — Lunestice austral, époque à laquelle la lune a atteint son plus haut degré de déclinaison ou sa plus grande distance de l'équateur, dans la région australe du ciel.

L. B. — Lunestice boréal, époque à laquelle la lune a atteint son plus haut degré de déclinaison ou sa plus grande distance de l'équateur, dans la région boréale du ciel.

N. L. — Nouvelle lune (*néoménie*), lune en conjonction avec le soleil ; époque où la lune et le soleil se trouvent sur la même longitude.

P. L. — Pleine lune, lune en opposition diamétrale avec le soleil, c'est-à-dire se trouvant à 180° de la longitude du soleil.

N. B. On appelle ces deux phases les Syzygies.

P. Q. — Premier quartier, époque où la lune passe au méridien à 6 h. du soir, et où sa moitié éclairée regarde le couchant.

D. Q. — Dernier quartier, époque où la lune passe au méridien à 6^h du matin et où sa moitié éclairée regarde le levant.

N. B. Dans les quartiers, les longitudes de la lune et du soleil diffèrent de 90° : on les appelle aussi les quadratures, vu que la distance de 90° est le quart du cercle divisé en 360°.

Solstice. — Époque où le soleil a atteint son plus grand degré de déclinaison, c'est-à-dire sa plus grande distance de la ligne équinoxiale, soit dans la région boréale (*solstice d'été* où commence la saison de l'été), soit dans la région australe (*solstice d'hiver* où commence la saison de l'hiver).

Apogée. — Époque où le soleil et la lune sont à leur plus grande distance de la terre.

Périgée. — Époque où le soleil et la lune sont à leur moindre distance de la terre. Dans le Calendrier météorologique, ces deux indications ne s'appliquent qu'à la lune. Les périgées et apogées reviennent à peu près aux mêmes époques de l'année solaire tous les 9 ans, ou mieux tous les 18 ans.

j. = Jour.

h. = Heure.

m. = Minute.

° (en haut d'un chiffre) = Degré de la division adoptée pour la mesure du cercle ou d'un instrument météorologique. — Exemples : 20° de latitude = vingtième degré du cercle méridien divisé en 360 parties égales ; 20° centigrade = vingtième degré du tube thermométrique sur lequel la distance du point de la glace fondante au point d'ébullition a été divisée en cent parties égales.

PHASES. — Ce mot, qui signifie en grec *apparences*, sert à désigner les *syzygies* et les *quadratures*, ces quatre principaux aspects de la lune.

POINTS LUNAIRES. — Ce mot désigne, outre la conjugaison, les positions de la lune qui sont analogues aux équinoxes et aux solstices.

Bar. — BAROMÈTRE, instrument destiné à mesurer la hauteur ou pesanteur de la colonne ou cône atmosphérique, par la hauteur de la colonne de mercure qui lui fait contre-poids (du grec *baros* pesanteur et *metron* mesure).

Ther. — THERMOMÈTRE, instrument destiné à évaluer l'élévation ou l'abaissement de la température de l'air (de *thermè* chaleur et *metron* mesure).

Météorologique (Calendrier). — Partie du calendrier qui indique les phases et les points lunaires et solaires, comme points de repère pour prévoir, avec une certaine probabilité, les changements et phénomènes atmosphériques.

Mois solaire. — Nombre de jours variable de 28 à 31 dans le Calendrier grégorien ou Calendrier catholique, et invariable (de 30 jours) dans le Calendrier républicain.

Mois lunaire synodique. — Nombre de jours et heures que la lune met à revenir en conjonction avec le soleil ; ces mois lunaires sont presque alternativement de 29 et de 30 jours dans les calendriers, vu que le mois synodique est de 29 jours $12^h 44^m$ environ.

Mois lunaire périodique. — Nombre de jours et heures que la lune met à faire le tour du zodiaque, c'est-à-dire à revenir au point du zodiaque d'où elle était partie. Ce mois est de 27 jours $7^h 45^m$ environ. C'est pour nous le vrai mois météorologique, celui qui reproduit aux mêmes époques les mêmes dépressions atmosphériques, c'est-à-dire qui détermine les mêmes tendances à l'élévation ou à l'abaissement de la colonne barométrique. Il est rationnel de le compter d'un lunestice austral (L. A.) à l'autre. Les lunestices reviennent, à peu près, aux mêmes époques de l'année solaire, tous les 19 ans.

AXIOMES DE MÉTÉOROLOGIE

POUR L'INTELLIGENCE DE L'ALMANACH MÉTÉOROLOGIQUE *.

1° Les phénomènes météorologiques découlent tous de la compression que les atmosphères éthérées, spécialement de la lune et du soleil, et accessoirement celles des autres planètes, exercent, en parcourant leur orbite, sur l'atmosphère éthérée de notre globe.

2° La colonne barométrique donne, pour ainsi dire, la mesure de ces compressions.

3° Les nuages arrivent, dès que le baromètre baisse ou se maintient au même niveau; ils se séparent et disparaissent dès que le baromètre monte.

4° En descendant dans les couches inférieures de notre atmosphère et en se rapprochant de nous, ils semblent arriver et grandir d'un instant à l'autre; en s'élevant dans l'atmosphère, ils semblent se rapetisser et disparaître.

5° La tendance de la colonne barométrique à monter se manifeste depuis chaque *équilune* (Eq. L.) à l'un ou l'autre *lunestice* (L. A. ou L. B.); la tendance de la colonne barométrique à descendre a lieu de chaque *lunestice* à l'*équilune*; cependant en hiver la marche descendante se continue quelque temps après l'équilune vers le lunestice austral.

6° La marche ascendante ou descendante de la colonne barométrique est interrompue par les quartiers (P. Q. et D. Q.) de la lune et la descendante par les syzygies (N. L. et P. L.).

* Ces axiomes sont les applications pratiques des principes du NOUVEAU SYSTÈME DE MÉTÉOROLOGIE que nous avons développé dans la *Revue complémentaire des sciences appliquées*, de 1854 à 1860, et dont nous avons donné un ample résumé dans les trois almanachs qui précèdent celui de l'année 1868. — Nous y renvoyons nos lecteurs.

7° La colonne barométrique descend un à deux jours avant, et un à deux jours après les syzygies, beaucoup plus bas à la nouvelle lune (N. L.) qu'à la pleine lune (P. L.). Pour juger de l'instant où doit arriver l'influence des phases et points lunaires, il faut bien remarquer, sur le calendrier météorologique, l'heure du jour où ils arrivent ; c'est à cette heure que leur influence commence.

8° Les *périgées* de la lune et du soleil accroissent la tendance à la baisse de la colonne barométrique, et les *apogées* la tendance à la hausse. De là vient qu'en hiver, et du fait du soleil, le mauvais temps est presque la règle générale, et le beau temps en été; le soleil arrive l'hiver à son périgée, et l'été à son apogée Il en est de même de l'influence des *périgées* et des *apogées* de la lune, qui se succèdent chaque mois ; car le mois est l'année de la lune. Les périgées de la lune augmentent l'intensité du mauvais temps et diminuent l'intensité du beau. Les apogées de la lune ajoutent au caractère du beau et diminuent l'intensité du mauvais.

9° Il survient un changement de temps et une interruption à l'ascension et à l'abaissement de la colonne barométrique tous les trois jours, durée de la vague atmosphérique.

10° Le baromètre descend également à l'époque de la *conjugaison* (conjug.).

11° Il faut s'attendre à de grandes tempêtes quand les deux astres marchent à la fois de l'équilune (Éq. L.) au lunestice austral (L. A.), et quand l'équilune (Éq. L.) correspond aux syzygies, surtout aux équinoxes.

12° Les différences qu'on pourra observer entre les phénomènes météorologiques de l'année 1874 et les observations de l'année 1855, année correspondante de 1874 dans la période lunaire de 19 ans, tiennent d'abord à la différence des *périgées* et des *apogées*, qui ne concordent que tous les 9 ans, mais surtout à l'apparition d'une comète, pendant l'une ou l'autre de ces deux années. L'apparition d'une comète amène, en général, une chaleur et une sécheresse exceptionnelles, causes d'épidémie et de choléra, et sa disparition des pluies diluviennes.

13° Quand vous verrez le baromètre continuer à baisser sans apparition de nuages, l'horizon se charger d'un brouillard sec et chaleureux, les nuages monter, fondre en l'air et disparaître à mesure qu'ils arrivent, prononcez hardiment qu'il apparaît une comète; et l'événement confirmera votre prédiction.

14° Mais n'allez pas croire que la quantité d'eau tombée sur une localité soit la même tous les ans pour une surface donnée; c'était là l'idée d'Arago qui transportait, dans l'administration de la science, les habitudes autoritaires de son caractère et de ses mœurs. Pendant tout l'espace du temps qu'il a passé à l'Observatoire, l'*Annuaire du Bureau des longitudes* n'a cessé de donner la même quantité de pluie pour la grande ville de Paris; et cette indication n'a cessé de paraître et d'être admise que depuis nos premières publications dans la *Revue complémentaire*.

En effet, pendant le même orage, ces quantités d'eau varient à l'infini selon les vents et les expositions des divers mouvements des terrains, et selon l'épaisseur des nuages de brouillard, de neige et de glace; ensuite selon l'élévation de la température qui les fond et les transforme en pluie. Ainsi il arrive chaque jour qu'il pleut par torrents à Montmartre, pendant qu'il fait beau ou qu'il ne tombe que quelques gouttes d'eau à l'Observatoire, et *vice versâ*. Une pareille balourdise n'aurait pas eu lieu chaque année, si la place de directeur de l'Observatoire avait été mise au concours.

N° VI.

CONCORDANCE

DU

TRIPLE CALENDRIER

GRÉGORIEN

RÉPUBLICAIN

ET

MÉTÉOROLOGIQUE *

POUR L'ANNÉE 1874

* Le *Calendrier grégorien* est le calendrier légal en France depuis 1806. Le *Calendrier républicain* a été le calendrier légal de 1792, ou plutôt 1793, jusqu'en 1806, c'est-à-dire pendant près de treize ans d'exercice sur toute l'étendue du territoire français d'alors.

An 1874 — CALENDRIER GRÉGORIEN | An LXXXII — CALENDR. RÉPUBLICAIN ET AGENDA AGRICOLE | CALENDRIER MÉTÉOROL.

JANVIER / NIVOSE

Jour		Grégorien			Républicain	J. lunaires	Phases lunaires	Points lunaires et solaires
1	jeudi.	Circoncision.	11	prim.	Granit.	13		
2	vendr.	st Clair.	12	duodi.	Argile.	14	P. L.	L. B.
3	sam.	ste Geneviève.	13	tridi.	Ardoise.	15		
4	dim.	st Rigobert.	14	quart.	Grès.	16		
5	lundi.	st Siméon.	15	quint.	Lapin.	17		
6	mardi.	Les Rois.	16	sextidi	Silex.	18		
7	mercr.	ste Mélanie.	17	septidi	Marne.	19		
8	jeudi.	st Lucien.	18	octidi.	Pierre à ch.	20		Éq. L.
9	vendr.	st Adrien.	19	nonidi	Marbre.	21		Apogée.
10	sam.	st Agathon.	20	DÉCADI	VAN.	22	D. Q.	
11	dim.	st Théodose.	21	prim.	Pierre à pl.	23		
12	lundi.	st Arcadius.	22	duodi.	Sel.	24		
13	mardi	Bapt. de J.-C.	23	tridi.	Fer.	25		Conjug.
14	mercr.	st Hilaire.	24	quart.	Cuivre.	26		
15	jeudi.	st Maur.	25	quint.	CHAT.	27		
16	vendr.	st Guillaume.	26	sextidi	Étain.	28		L. A.
17	sam.	st Antoine.	27	septidi	Plomb.	29		
18	dim.	Ch. de st Pier.	28	octidi.	Zinc.	1	N. L.	
19	lundi.	st Sulpice.	29	nonidi	Mercure.	2		Conjug.
20	mardi.	st Sébastien.	30	DÉCADI	CRIBLE.	3		Périgée.

PLUVIOSE

21	mercr.	ste Agnès, v.	1	prim.	Lauréole.	4		
22	jeudi.	st Vincent.	2	duodi.	Mousse.	5		
23	vendr.	st Raymond.	3	tridi.	Fragon.	6		Éq. L.
24	sam.	st Thimothée	4	quart.	Perce-neige.	7		
25	dim.	C. de st Paul.	5	quint.	TAUREAU.	8	P. Q.	
26	lundi.	st Polycarpe.	6	sextidi	Laur.-thym.	9		
27	mardi.	st J. Chrysost.	7	septidi	Amadouvier	10		
28	mercr.	st Charlemag.	8	octidi.	Mézéréon.	11		
29	jeudi.	st Fr. de Sal.	9	nonidi	Peuplier.	12		L. B.
30	vendr.	ste Bathilde.	10	DÉCADI	COIGNÉE.	13		
31	sam.	ste Marcelle.	11	prim.	Ellébore.	14		

PHASES LUNAIRES

P. L. le 2, à 6 h. 54 m. du soir.
D. Q. le 10, à 7 h. 46 m. du soir.
N. L. le 18, à 7 h. 54 m. du mat.
P. Q. le 25, à 4 h. 22 m. du mat.

POINTS LUNAIRES

L. B. le 2, à 9 h. du mat.
Éq. L. le 8, à 4 h. du s.
Conjug. le 13 v. minuit.
L. A. le 16, à 8 h. du s.

Conj. le 19, v. 4 h. s.
Éq. L. le 23, vers 1 h. m.
L. B. le 29 à 3 h. du soir

An 1874
CALENDRIER GRÉGORIEN

An LXXXII
CALENDR. RÉPUBLICAIN ET AGENDA AGRICOLE

CALENDRIER MÉTÉOROL.

							J.lunaires	Phases lunaires.	Points lunaires et solaires.
	FÉVRIER			**PLUVIOSE**					
1	dim.	Septuagésim.		12	duodi.	Brocoli.	15	P. L.	
2	lundi.	PURIFICATION		13	tridi.	Laurier.	16		
3	mardi.	st Blaise.		14	quart.	Aveline.	17		
4	mercr.	st Gilbert.		15	quint.	VACHE.	18		(Apogée.
5	jeudi.	ste Agathe.		16	sextidi	Buis.	19		Éq. L.
6	vendr.	st Waast, év.		17	septidi	Lichen.	20		
7	sam.	st Romuald.		18	octidi.	If.	21		
8	dim.	st Jean de M.		19	nonidi	Pulmonaire.	22		Conjug.
9	lundi.	steApolline.		20	DÉCADI	SERPETTE.	23	D. Q.	
10	mardi.	steScholastiq.		21	prim.	Thlaspi.	24		
11	mercr.	st Séverin.		22	duodi.	Thymélé.	25		
12	jeudi.	st Mélèce.		23	tridi.	Chiendent.	26		
13	vendr.	st Grégoire.		24	quart.	Traînasse.	27		L. A.
14	sam.	st Valentin.		25	quint.	LIÈVRE.	28		
15	dim.	st Faustin.		26	sextidi	Guède.	29		
16	lundi.	st Flavien.		27	septidi	Noisetier.	30	N. L.	(Périgée.
17	mardi.	st Théodule.		28	octidi.	Cyclamen.	1		(Conjug.
18	mercr.	CENDRES.		29	nonidi	Chélidoine.	2		
19	jeudi.	st Boniface.		30	DÉCADI	TRAÎNEAU.	3		Éq. L.
					VENTOSE				
20	vendr.	st Éleuthère.		1	prim.	Tussilage.	4		
21	sam.	st Pépin.		2	duodi.	Cornouiller.	5		
22	dim.	ste Isabelle.		3	tridi.	Violier.	6		
23	lundi.	st Mérant.		4	quart.	Troène.	7	P. Q.	
24	mardi.	st Mathias.		5	quint.	Bouc.	8		
25	mercr.	st Nicéphore.		6	sextidi	Asaret.	9		L. B.
26	jeudi.	st Nestor.		7	septidi	Alaterne.	10		
27	vendr.	st Léandre.		8	octidi.	Violette.	11		
28	sam.	ste Honorine.		9	nonidi	Marceau.	12		

PHASES LUNAIRES	POINTS LUNAIRES	
P. L. le 1, à 11 h. 26 m. du mat.	Éq. L. le 5, v. 11 h. du s.	Éq. L. le 19, v. 8 h. du m.
D. Q. le 9, à 4 h. 19 m. du soir.	Conj. le 8, v. 7 h. du s.	L. B. le 25, v 8 h. du s.
N. L. le 16, à 7 h. 6 m. du soir.	L. A. le 13, v. 5 h. du m.	
P. Q. le 23, à 10 h. 35 m. du matin.	Conj. le 17, v. 2 h. du s.	

— 18 —

An 1874 CALENDRIER GRÉGORIEN		An LXXXII CALEND. RÉPUBLICAIN ET AGENDA AGRICOLE		J. lunaires	Phases lunaires	Points lunaires et solaires CALENDRIER MÉTÉOROL.
MARS		**VENTOSE**				
1 dim.	st Aubin.	10 DÉCADI	BÊCHE.	13		
2 lundi.	st Simplice.	11 prim.	Narcisse.	14		
3 mardi.	ste Cunégond.	12 duodi.	Orme.	15	P. L.	
4 mercr.	st Casimir.	13 tridi.	Fumeterre.	16		Apogée.
5 jeudi.	st Adrien.	14 quart.	Vélar.	17		Eq. L.
6 vendr.	ste Colette.	15 quint.	CHÈVRE.	18		Conjug.
7 sam.	st Thom. d'A.	16 sextidi	Epinards.	19		
8 dim.	st Jean de D.	17 septidi	Doronic.	20		
9 lundi.	ste Françoise.	18 octidi.	Mouron.	21		
10 mardi.	ste Dorothée.	19 nonidi	Cerfeuil.	22		
11 mercr.	st Euloge.	20 DÉCADI	CORDEAU.	23	D. Q.	
12 jeudi.	st Pol év.	21 prim.	Mandragore	24		L. A.
13 vendr.	ste Euphrasie	22 duodi.	Persil.	25		
14 sam.	ste Mathilde.	23 tridi.	Cochléaria.	26		
15 dim.	st Zacharie.	24 quart.	Pâquerette.	27		
16 lundi.	st Julien.	25 quint.	THON.	28		
17 mardi.	ste Gertrude.	26 sextidi	Pissenlit.	29		Périgée.
18 mercr.	st Alexandre.	27 septidi	Sylvie.	1	N. L.	Eq. L.
19 jeudi.	st Joseph.	28 octidi.	Capillaire.	2		Conjug.
20 vendr.	st Joachim.	29 nonidi	Frêne.	3		Equinoxe.
21 sam.	st Benoît.	30 DÉCADI	PLANTOIR.	4		à 6 h. 47 m. s
		GERMINAL				
22 dim.	st Emile.	1 prim.	Primevère.	5		
23 lundi.	st Victorien.	2 duodi.	Platane.	6		
24 mardi.	st Simon, m.	3 tridi.	Asperge.	7	P. Q.	
25 mercr.	ste Irénée.	4 quart.	Tulipe.	8		L. B.
26 jeudi.	st Ludger.	5 quint.	POULE.	9		
27 vendr.	st Jean, erm.	6 sextidi	Bette.	10		
28 sam.	st Gontran.	7 septidi	Bouleau.	11		
29 dim.	*Rameaux.*	8 octidi.	Jonquille.	12		
30 lundi.	st Rieul.	9 nonidi	Aulne.	13		
31 mardi.	ste Balbine.	10 DÉCADI	COUVOIR.	14		Conjug.

PHASES LUNAIRES

P. L. le 3, à 5 h. 12 m. du mat.
D. Q. le 11, à 9 h. 24 m. du mat.
N. L. le 18, à 4 h. 53 m. du mat.
P. Q. le 24, à 10 h. 22 m. du soir.

POINTS LUNAIRES

Eq. L. le 5, vers 5 h. m.
Conjug. le 6, v. 6 h. m.
L. A. le 12, à 2 h. s.
Eq. L. le 18, vers 5 h. s.

Conj. le 18, vers 4 h. s.
L. B. le 25, à 2 h. m.
Conjug. le 31, vers 5 h. s.

An 1874 CALENDRIER GRÉGORIEN		An LXXXII CALENDR. RÉPUBLICAIN ET AGENDA AGRICOLE			CALENDRIER MÉTÉOROL.		
				J. lunaires	Phases lunaires.	Points lunaires et solaires.	
AVRIL		**GERMINAL**				Apogée.	
1 mercr.	st Valéry.	11 prim.	Pervenche.	15	P. L.	Éq. L.	
2 jeudi.	st Franç. de P.	12 duodi.	Charme.	16			
3 vendr.	*Vendredi-S.*	13 tridi.	Morille.	17			
4 sam.	st Ambroise.	14 quart.	Hêtre.	18			
5 dim.	Pâques.	15 quint.	Abeille.	19			
6 lundi.	st Prudence.	16 sextidi	Laitue.	20			
7 mardi.	st Clotaire.	17 septidi	Mélèze.	21			
8 mercr.	st Gautier.	18 octidi.	Ciguë.	22		L. A.	
9 jeudi.	ste Marie Ég.	19 nonidi	Radis.	23	D. Q.		
10 vendr.	st Macaire.	20 décadi	Ruche.	24			
11 sam.	st Léon, pape	21 prim.	Gaînier.	25			
12 dim.	st Jules, pape.	22 duodi.	Romaine.	26			
13 lundi.	st Marcellin.	23 tridi.	Marronnier.	27			
14 mardi.	st Tiburce.	24 quart.	Roquette.	28		Périgée.	
15 mercr.	st Maxime.	25 quint.	Pigeon.	29		Éq. L.	
16 jeudi.	st Paterne.	26 sextidi	Lilas.	30	N. L.	Conjug.	
17 vendr.	st Anicet.	27 septidi	Anémone.	1			
18 sam.	st Apollonius	28 octidi.	Pensée.	2			
19 dim.	st Timon.	29 nonidi	Myrtille.	3			
20 lundi.	st Théodore.	30 décadi	Greffoir.	4			
		FLORÉAL					
21 mardi.	st Anselme.	1 prim.	Rose.	5		L. B.	
22 mercr.	ste Opportune	2 duodi.	Chêne.	6			
23 jeudi.	st Georges.	3 tridi.	Fougère.	7	P. Q.		
24 vendr.	st Léger.	4 quart.	Aubépine.	8			
25 sam.	st Marc.	5 quint.	Rossignol.	9			
26 dim.	st Clet.	6 sextidi	Ancolie.	10		Conjug.	
27 lundi.	st Anastase.	7 septidi	Muguet.	11			
28 mardi.	st Vital.	8 octidi.	Champignon	12		Apogée.	
29 mercr.	st Robert.	9 nonidi	Hyacinthe.	13		Éq. L.	
30 jeudi.	st Eutrope.	10 décadi	Râteau.	14			

PHASES LUNAIRES

P. L. le 1, à 11 h. 11 m. du s.
D. Q. le 9, à 10 h. 14 m. du s.
N. L. le 16, à 4 h. 41 m. du s.
P. Q. le 23, à 11 h. 54 m. du m.

POINTS LUNAIRES

Éq. L. le 1, vers 11 h. m.
L. A. le 8, à 9 h. soir.
Éq. L. le 15, vers 6 h. m.
Conj. le 16, vers 5 h. s.

L. B. le 21, à 10 h. mat.
Conj. le 26, vers 5 h. m.
Éq. L. le 28, vers 6 h. s.

— 20 —

An 1874 CALENDRIER GRÉGORIEN	An LXXXII CALENDR. RÉPUBLICAIN ET AGENDA AGRICOLE	CALENDRIER MÉTÉOROL.		
		J. lunaires	Phases lunaires	Points lunaires et solaires

MAI — FLORÉAL

1	vendr.	s^t Jacq.-s^t Ph.	11	prim.	Rhubarbe.	15	P. L.
2	sam.	s^t Athanase.	12	duodi.	Sainfoin.	16	
3	dim.	Inv. Ste Croix.	13	tridi.	Bouton d'or.	17	
4	lundi.	s^{te} Monique.	14	quart.	Chamérisier	18	
5	mardi.	C. de St Aug.	15	quint.	VER A SOIE.	19	
6	mercr.	s^t Jean P. L.	16	sextidi	Consoude.	20	L. A.
7	jeudi.	s^t Stanislas.	17	septidi	Pimprenelle	21	
8	vendr.	s^t Désiré, év.	18	octidi.	Corb. d'or.	22	
9	sam.	s^t Hermas.	19	nonidi	Arroche.	23	D. Q.
10	dim.	s^t Gordien.	20	DÉCADI	SARCLOIR.	24	
11	lundi.	s^t Mamert.	21	prim.	Statice.	25	
12	mardi.	s^t Epiphane.	22	duodi.	Fritillaire.	26	Éq. L.
13	mercr.	s^t Gervais.	23	tridi.	Bourrache.	27	
14	jeudi.	ASCENSION.	24	quart.	Valériane.	28	Périgée.
15	vendr.	s^t Isidore	25	quint.	CARPE.	29	N. L. Conjug.
16	sam.	s^t Honoré.	26	sextidi	Fusain.	1	
17	dim.	s^t Pascal.	27	septidi	Civette.	2	
18	lundi.	s^t Eric, roi.	28	octidi.	Buglose.	3	L. B.
19	mardi.	s^t Yves.	29	nonidi	Sénevé.	4	
20	mercr.	s^t Bernardin.	30	DÉCADI	HOULETTE	5	

PRAIRIAL

21	jeudi.	s^t Hospice.	1	prim.	Luzerne.	6	Conjug.
22	vendr.	s^t Hélène.	2	duodi.	Hémérocalle	7	
23	sam.	s^t Didier, év.	3	tridi.	Trèfle.	8	D. Q.
24	dim.	PENTECÔTE.	4	quart.	Angélique.	9	
25	lundi.	s^t Urbin.	5	quint.	CANARD.	10	Éq. L.
26	mardi.	s^t Quadrat.	6	sextidi	Mélisse.	11	Apogée
27	mercr.	s^t Hildevert.	7	septidi	Fromental.	12	
28	jeudi.	s^t Germ., év.	8	octidi.	Martagon.	13	
29	vendr.	s^t Maxime.	9	nonidi	Serpolet.	14	
30	sam.	s^{te} Emilie.	10	DÉCADI	FAUX.	15	
31	dim.	TRINITÉ.	11	prim.	Fraise.	16	P. L.

PHASES LUNAIRES

P. L. le 1, à 4 h. 0 m. du soir.
D. Q. le 9, à 7 h. 3 m. du matin.
N. L. le 15, à 10 h. 7 m. du soir.
P. Q. le 23 à 5 h. 0 m. du matin.
P. L. le 31, à 6 h. 37 m. du matin.

POINTS LUNAIRES

L. A. le 6, à 2 h. matin.   Conj. le 21, vers minuit.
Eq. L. le 12, vers 3 h. s. Eq. L. le 25, vers minuit.
Conj. le 15, à 2 h. soir.
L. B. le 18, à 7 h. soir.

An 1874 CALENDRIER GRÉGORIEN		An LXXXII RÉPUBLICAIN ET AGENDA AGRICOLE		CALENDRIER MÉTÉOROL.		
				J. lunaires	Phases lunaires	Points lunaires et solaires
JUIN		**PRAIRIAL**				
1	lundi.	s^t Pamphile.	12	duodi.	Bétoine.	17		
2	mardi.	s^t Pothin.	13	tridi.	Pois.	18		L. A.
3	mercr.	s^{te} Clotilde.	14	quart.	Acacia	19		
4	jeudi.	FÊTE-DIEU.	15	quint.	CAILLE.	20		
5	vendr.	s^t Genès.	16	sextidi	OEillet.	21		
6	sam.	s^t Claude.	17	septidi	Sureau.	22		
7	dim.	s^t Lié.	18	octidi.	Pavot.	23	D. Q.	
8	lundi.	s^t Médard.	19	nonidi	Tilleul.	24		Éq. L.
9	mardi.	s^{te} Marianne.	20	DÉCADI	FOURCHE.	25		
10	mercr.	s^t Landri.	21	prim.	Barbeau.	26		Périgée.
11	jeudi.	s^tBarnab. ap.	22	duodi.	Camomille.	27		
12	vendr.	s^{te} Olympe.	23	tridi.	Chèvrefeuil.	28		Conjug.
13	sam.	s^t Ant. de P.	24	quart.	Caille-lait.	29		
14	dim.	s^t Rufin.	25	quinti.	TANCHE.	1	N. L.	
15	lundi.	s^t Modeste.	26	sextidi	Jasmin.	2		L. B.
16	mardi.	s^t Fargeau.	27	septidi	Verveine.	3		
17	mercr.	s^t Avit.	28	octidi.	Thym.	4		Conjug.
18	jeudi.	s^{te}Marine, v.	29	nonidi	Pivoine.	5		
19	vendr.	s^t Gervais.	30	DÉCADI	CHARIOT.	6		
			MESSIDOR					
20	sam.	s^t Silvère.	1	prim.	Seigle.	7		
21	dim.	s^t Leufroi.	2	duodi.	Avoine.	8	P. Q.	Solstice
22	lundi.	s^t Alban.	3	tridi.	Oignon.	9		Apogée.
23	mardi.	s^t Jacques.	4	quart.	Véronique.	10		Eq. L.
24	mercr.	N. de s^t J.-B.	5	quint.	MULET.	11		
25	jeudi.	s^t Prosper.	6	sextidi	Romarin.	12		
26	vendr.	s^t Babolein.	7	septidi	Concombre.	13		
27	sam.	s^t Crescent.	8	octidi.	Echalotte.	14		
28	dim.	s^{te} Irénée.	9	nonidi	Absinthe.	15		
29	lundi.	s^t Pierre,s^t P.	10	DÉCADI	FAUCILLE.	16	P. L.	L. A.
30	mardi.	C. de s^t Paul.	11	prim.	Coriandre.	17		

PHASES LUNAIRES

D. Q. le 7, à 1 h. 9 m. du soir.
N. L. le 14, à 6 h. 43 m. du matin.
P. Q. le 21, à 7 h. 52 m. du soir.
P. L. le 29, à 6 h. 39 m. du soir.

POINTS LUNAIRES

L. A. le 2, à 8 h. matin.
Eq. L. le 8, vers 10 h. s.
Conj. le 12, vers 10 h. s.
L. B. le 15, à 5 h. m.

Conjug. le 17, vers 2 h. s
Eq. L. le 22, vers 7 h. m.
L. A. le 29, à 3 h. s.

An 1874 — CALENDRIER GRÉGORIEN

An LXXXII — CALENDR. RÉPUBLICAIN ET AGENDA AGRICOLE.

CALENDRIER MÉTÉOROL.

JUILLET — MESSIDOR

1	mercr.	st Léonce, év.	12	duodi.	Artichaut.	18		
2	jeudi.	Visit. de la V.	13	tridi.	Giroflée.	19		
3	vendr.	st Bertrand.	14	quart.	Lavande.	20		
4	sam.	ste Berthe.	15	quint.	Chamois.	21		
5	dim.	ste Zoë.	16	sextidi	Tabac.	22		
6	lundi.	ste Angèle.	17	septidi	Groseille.	23	D. Q.	Éq. L.
7	mardi.	st Félix.	18	octidi.	Gesse.	24		Périgée.
8	mercr.	st Thibaud	19	nonidi	Cerise.	25		
9	jeudi.	st Cyrille.	20	décadi	PARC.	26		Conjug.
10	vendr.	ste Félicité.	21	prim.	Menthe.	27		
11	sam.	T. de St Benoît	22	duodi.	Cumin.	28		
12	dim.	st Gualbert	23	tridi.	Haricots.	29		L. B.
13	lundi.	st Eugène.	24	quart.	Orcanette.	30	N. L.	
14	mardi.	st Bonavent.	25	quint.	PINTADE.	1		
15	mercr.	st Henri, emp.	26	sextidi	Sauge.	2		Conjug.
16	jeudi.	st Fulrad.	27	septidi	Ail.	3		
17	vendr.	st Alexis.	28	octidi.	Vesce.	4		
18	sam.	st Frédéric.	29	nonidi	Blé.	5		
19	dim.	st Vinc. de P.	30	décadi	CHALEMIE.	6		Éq. L.

THERMIDOR

20	lundi.	ste Marguerite	1	prim.	Épeautre.	7		Apogée.
21	mardi.	st Victor.	2	duodi.	Bouillon bl.	8	P. Q.	
22	mercr.	ste Madeleine.	3	tridi.	Melon.	9		
23	jeudi.	st Apollinaire	4	quart.	Ivraie.	10		
24	vendr.	ste Christine.	5	quint.	BÉLIER.	11		
25	sam.	st Jacq. le M.	6	sextidi	Prêle.	12		
26	dim.	st Hyacinthe.	7	septidi	Armoise.	13		L. A.
27	lundi.	st Pantaléon.	8	octidi.	Carthame.	14		
28	mardi.	ste Anne.	9	nonidi	Mûres.	15		
29	mercr.	ste Marthe.	10	décadi	ARROSOIR.	16	P. L.	
30	jeudi.	st Rufin.	11	prim.	Panis.	17		
31	vendr.	st Ig. de Loyola	12	duodi.	Salicor.	18		

PHASES LUNAIRES

D. Q. le 6, à 5 h. 52 m. du soir.
N. L. le 13, à 4 h. 19 m. du soir.
P. Q. le 21, à 4 h. 22 m. du soir.
P. L. le 29, à 4 h. 33 m. du mat.

POINTS LUNAIRES

Éq. L. le 6, vers 3 h. m.
Conjug. le 9, vers minuit.
L. B. le 12, à midi.
Conj. ? vers 9 h. m.

Éq. L. le 19, à 2 h. s.
L. A. le 26, à 10 h. s.

— 23 —

An 1874 CALENDRIER GRÉGORIEN		An LXXXII CALENDR. RÉPUBLICAIN ET AGENDA AGRICOLE		CALENDRIER MÉTÉOROL.		
				J. lunaires	Phases lunaires	Points lunaires et solaires
AOUT		**THERMIDOR**				
1 sam.	ste Sophie.	13 tridi.	Abricot..	19		Périgée
2 dim.	st Etienne, p.	14 quart.	Basilic.	20		Éq. L..
3 lundi.	ste Lydie.	15 quint.	Brebis.	21		
4 mardi.	st Dominique	16 sextidi	Guimauve.	22	D. Q.	
5 mercr.	st Lucain.	17 septidi	Lin.	23		Conjug.
6 jeudi.	Tr. de N.-S.	18 octidi.	Amande.	24		
7 vendr.	st Gaëtan.	19 nonidi	Gentiane.	25		
8 sam.	st Emilien.	20 DÉCADI	ECLUSE.	26		L. B.
9 dim.	st Domitien.	21 prim.	Carline.	27		
10 lundi.	st Laurent.	22 duodi.	Caprier.	28		
11 mardi.	ste Suzanne.	23 tridi.	Lentille.	29		
12 mercr.	ste Claire.	24 quart.	Aunée.	1	N. L.	
13 jeudi.	st Hippolyte.	25 quint.	Loutre.	2		Conjug.
14 vendr.	st Eusèbe.	26 sextidi	Myrthe.	3		
15 sam.	Assomption.	27 septidi	Colza.	4		Éq. L.
16 dim.	st Roch.	28 octidi.	Lupin.	5		
17 lundi.	st Mammès.	29 nonidi	Coton.	6		Apogée.
18 mardi.	ste Hélène, im.	30 DÉCADI	MOULIN.	7		
		FRUCTIDOR				
19 mercr.	st Louis, év.	1 prim.	Prune.	8		
20 jeudi.	st Bernard,	2 duodi.	Millet.	9	P. Q.	
21 vendr.	st Privat.	3 tridi.	Lycoperde.	10		
22 sam.	st Symphor.	4 quart.	Escourgeon.	11		
23 dim.	st Sidoine.	5 quint.	Saumon.	12		L. A.
24 lundi.	st Barthélemy	6 sextidi	Tubéreuse.	13		
25 mardi.	st Louis, roi.	7 septidi	Sucrion.	14		
26 mercr.	st Zéphirin.	8 octidi.	Apocynée.	15		
27 jeudi.	st Césaire.	9 nonidi	Réglisse.	16	P. L.	
28 vendr.	st Augustin.	10 DÉCADI	ECHELLE.	17		Périgée,
29 sam.	st Merry.	11 prim.	Pastèque.	18		Éq. L.
30 dim.	st Fiacre.	12 duodi.	Fenouil.	19		Conjug.
31 lundi.	st Aristide.	13 tridi.	Epine-vinet.	20		

PHASES LUNAIRES	POINTS LUNAIRES	
D. Q. le 4, à 10 h. 37 m. soir.	Eq. L. le 2, vers 8 h. m.	L. A. le 23, à 7 h. m.
N. L. le 12, à 3 h. 50 m. mat.	Conj. le 5, vers 1 h. m.	Eq. L. le 29, vers 3 h. s.
P. Q. le 20, à 6 h. 44 m. matin.	L. B. le 8, à 7 h. soir.	Conjug. le 30, vers 10 h. s.
P. L. le 27, à 4 h. 19 m. soir.	Conjug. le 13, vers 5 h. m.	
	Eq. L. le 15, vers 9 h. s.	

An 1874 — CALENDRIER GRÉGORIEN | An LXXXII — CALENDR. RÉPUBLICAIN ET AGENDA AGRICOLE | CALENDRIER MÉTÉOROL.

	SEPTEMBRE			FRUCTIDOR		J. lunaires	Phases lunaires.	Points lunaires et solaires.
1	mardi.	s^t Lazare.	14	quart.	Noix.	21		
2	mercr.	s^t Just.	15	quint.	TRUITE.	22		
3	jeudi.	s^t Ambroise.	16	sextidi	Citron.	23	D. Q.	
4	vendr.	s^{te} Rosalie.	17	septidi	Cardière.	24		L. B.
5	sam.	s^t Bertin, ab.	18	octidi.	Nerprun.	25		
6	dim.	s^t Eleuthère.	19	nonidi	Sagette.	26		
7	lundi.	s^t Cloud.	20	DÉCADI	HOTTE.	27		
8	mardi.	Nat. de la V.	21	prim.	Eglantier.	28		
9	mercr.	s^t Omer.	22	duodi.	Noisette.	29		
10	jeudi.	s^{te} Pulchérie.	23	tridi.	Houblon.	30	N. L.	
11	vendr.	s^t Hyacinthe.	24	quart.	Sorgho.	1		Conjug.
12	sam.	s^t Raphaël.	25	quint.	ECREVISSE.	2		Éq. L.
13	dim.	s^t Maurille.	26	sextidi	Bigarade.	3		
14	lundi.	Ex. de la Cr.	27	septidi	Verge d'or.	4		Apogée.
15	mardi.	s^t Nicomède.	28	octidi.	Maïs.	5		
16	mercr.	s^{te} Euphémie	29	nonidi	Marron.	6		
17	jeudi.	s^t Lambert.	30	DÉCADI	CORBEILLE	7		
			Jours complém.					
18	vendr.	s^t Ferréol.	1	prim.	De la Vertu.	8	P. Q.	
19	sam.	s^t Janvier.	2	duodi.	Du Génie.	9		L. A.
20	dim.	s^t Eustache.	3	tridi.	Du Travail.	10		
21	lundi.	s^t Mathieu.	4	quart.	De l'Opinion	11		
22	mardi.	s^t Maurice.	5	quint.	Des Récomp.	12		
			VENDÉM. (An LXXXIII.)					
23	mercr.	s^t Lin.	1	prim.	Raisin.	13		Éq. à 5 h. 32 m. mat.
24	jeudi.	s^t Gérard.	2	duodi.	Safran.	14		
25	vendr.	s^t Firmin.	3	tridi.	Châtaigne.	15	P. L.	Conj.
26	sam.	s^t Amance.	4	quart.	Colchique.	16		Périgée.
27	dim.	s^t Cosme, s^t D.	5	quint.	CHEVAL.	17		Éq. L.
28	lundi.	s^t Venceslas.	6	sextidi	Balsamine.	18		
29	mardi.	s^t Michel.	7	septidi	Carotte.	19		
30	mercr.	s^t Jérôme.	8	octidi.	Amaranthe.	20		

PHASES LUNAIRES

D. Q. le 3, à 4 h. 45 m. du mat.
N. L. le 10, à 6 h. 4 m. du soir.
P. Q. le 18, à 10 h. 56 m. du soir.
P. L. le 25, à 9 h. 57 m. du soir.

POINTS LUNAIRES

L. B. le 4, à minuit.
Conj. le 11, vers 9 h. m.
Éq. L. le 12, vers 4 h. m.
L. A. le 19, à 4 h. s.

Conj. le 25, vers 11 h. s.
Éq. L. le 26, vers 1 h. m.

— 25 —

An 1874 CALENDRIER GRÉGORIEN		An LXXXIII CALENDR. RÉPUBLICAIN ET AGENDA AGRICOLE			CALENDRIER MÉTÉOROL.		
					J. lunaires	Phases lunaires	Points lunaires et solaires.
OCTOBRE		**VENDÉMIAIRE**					
1 jeudi.	st Remy, év.	9	nonidi	Panais.	21		
2 vendr.	ss. Anges gar.	10	DÉCADI	CUVE.	22	D. Q.	L. B.
3 sam.	st Denis l'Ar.	11	prim.	Pomme de t.	23		
4 dim.	st Franç. d'As.	12	duodi.	Immortelle.	24		
5 lundi.	st Placide.	13	tridi.	Potiron.	25		
6 mardi.	st Bruno, ins.	14	quart.	Réséda.	26		
7 mercr.	ste Julie.	15	quint.	ÂNE.	27		
8 jeudi.	st Daniel.	16	sextidi	Belle-de-nuit	28		Éq. L.
9 vendr.	st Denis, év.	17	septidi	Citrouille.	29		
10 sam.	st Paulin, év.	18	octidi.	Sarrasin.	1	N. L.	Conjug.
11 dim.	st Nicaise.	19	nonidi	Tournesol.	2		Apogée.
12 lundi.	st Wilfrid.	20	DÉCADI	PRESSOIR.	3		
13 mardi.	st Géraud, c.	21	prim.	Chanvre.	4		
14 mercr.	st Caliste, p.	22	duodi.	Pêche.	5		
15 jeudi.	ste Thérèse.	23	tridi.	Navet.	6		
16 vendr.	st Gal, év.	24	quart.	Amaryllis.	7		L. A.
17 sam.	st Florent.	25	quint.	BŒUF.	8		
18 dim.	st Luc, évan.	26	sextidi	Aubergine.	9	P. Q.	
19 lundi.	st Savinien.	27	septidi	Piment.	10		
20 mardi	st Caprais.	28	octidi.	Tomate.	11		
21 mercr	ste Ursule.	29	nonidi	Orge.	12		Conjug.
22 jeudi	st Mellon, év.	30	DÉCADI	TONNEAU.	13		
		BRUMAIRE					
23 vendr.	st Hilarion.	1	prim.	Pomme.	14		Éq. L.
24 sam.	st Magloire.	2	duodi.	Céleri.	15		Périgée.
25 dim.	ss. Crép. et C.	3	tridi.	Poire.	16	P. L.	
26 lundi.	st Evariste.	4	quart.	Betterave.	17		
27 mardi.	st Frumence,	5	quint.	OIE.	18		
28 mercr.	st Simon.	6	sextidi	Héliotrope.	19		
29 jeudi.	st Nicaise.	7	septidi	Figue.	20		L. B.
30 vendr.	st Lucain.	8	octidi.	Scorsonère.	21		
31 sam.	st Quentin.	9	nonidi	Alizier.	22		

PHASES LUNAIRES	POINTS LUNAIRES	
D. Q. le 2, à 1 h. 29 m soir.	L. B. le 2, à 5 h. du m.	Conj. le 21, vers 11 h. s.
N. L. le 10, à 10 h. 52 m. matin.	Éq. L. le 9, vers 10 h. m.	Éq. L. le 23, vers midi.
P. Q. le 18, à 1 h. 20 m. soir.	Conj. le 10, vers 3 h. du s.	L. B. le 29, à 1 h. soir.
P. L. le 25, à 7 h. 11 m. matin.	L. A. le 16, à 11 h. soir.	

— 26 —

An 1874 CALENDRIER GRÉGORIEN		An LXXXIII CALENDR. RÉPUBLICAIN ET AGENDA AGRICOLE		Lunaires	Phases lunaires	CALENDRIER MÉTÉOROL. Points lunaires et solaires
NOVEMBRE		**BRUMAIRE**				
1 dim.	TOUSSAINT.	10 décadi	CHARRUE.	23	D. Q.	
2 lundi.	*Trépassés*.	11 prim.	Salsifis.	24		
3 mardi.	st Marcel, év.	12 duodi.	Mâcre.	25		
4 mercr.	st Charles, év.	13 tridi.	Topinamb.	26		
5 jeudi.	ste Bertille.	14 quart.	Endive.	27		Eq. L.
6 vendr.	st Léonard.	15 quint.	DINDON.	28		
7 sam.	st Florent.	16 sextidi	Chervis.	29		Apogée.
8 dim.	stes Reliques.	17 septidi	Cresson.	30		Conjug.
9 lundi.	st Théodore.	18 octidi	Dentelaire.	1	N. L.	
10 mardi.	st Juste.	19 nonidi	Grenade.	2		
11 mercr.	st Martin.	20 décadi	HERSE.	3		
12 jeudi.	st René.	21 prim.	Bacchante.	4		
13 vendr.	st Brice.	22 duodi.	Azeroles.	5		L. A.
14 sam.	st Rufe.	23 tridi.	Garance.	6		
15 dim.	ste Gertrude.	24 quart.	Orange.	7		
16 lundi.	st Eucher.	25 quint.	FAISAN.	8		Conjug.
17 mardi.	st Agnan.	26 sextidi	Pistache.	9	D. Q.	
18 mercr.	st Odon.	27 septidi	Marjonc.	10		
19 jeudi.	ste Elisabeth.	28 octidi	Coing.	11		Eq. L.
20 vendr.	st Edmond.	29 nonidi	Cormier.	12		
21 sam.	Prés. Vierge.	30 décadi	ROULEAU.	13		
		FRIMAIRE				
22 dim.	ste Cécile.	1 prim.	Raiponce.	14		Périgée.
23 lundi.	st Clément.	2 duodi.	Turneps.	15	P. L.	
24 mardi.	st Bénigne.	3 tridi.	Chicorée.	16		
25 mercr.	ste Catherine.	4 quart.	Nèfle.	17		L. B.
26 jeudi.	ste Victorine.	5 quint.	COCHON.	18		
27 vendr.	st Maxime.	6 sextidi	Mâche.	19		
28 sam.	st Sosthène.	7 septidi	Chou-fleur.	20		
29 dim.	1er DE L'AV.	8 octidi	Miel.	21		
30 lundi.	st André, ap.	9 nonidi	Genièvre.	22	D. Q.	

PHASES LUNAIRES
D. Q. le 1, à 4 h. 50 m. du matin.
N. L. le 9, à 5 h. 24 m. du matin.
P. Q. le 17, à 1 h. 44 m. du matin.
P. L. le 23, à 5 h. 25 m. du soir.
D. Q. le 30, à 6 h. 20 m. du soir.

POINTS LUNAIRES
Eq. L. le 5, vers 4 h. soir.
Conjug. le 8, vers 8 h. s.
L. A. le 13, à 4 h. matin.
Conj. le 16, vers 9 h. soir.
Eq. L. le 19, vers 10 h. s.
L. B. le 25, à 11 h. soir.

An 1874	An LXXXIII	CALENDRIER MÉTÉOROL.		
CALENDRIER GRÉGORIEN	CALENDR. RÉPUBLICAIN ET AGENDA AGRICOLE	J. lunaires	Phases lunaires.	Points lunaires et solaires.

DÉCEMBRE — FRIMAIRE

1	mardi.	St Éloi, év.	10	DÉCADI	PIOCHE.	23	
2	mercr.	st Franç.-Xav.	11	prim.	Cire.	24	Éq. L.
3	jeudi.	st Fulgence, é.	12	duodi.	Raifort.	25	
4	vendr.	ste Barbe.	13	tridi.	Cèdre.	26	
5	sam.	st Damas.	14	quart.	Sapin.	27	Apogée.
6	dim.	st Nicolas.	15	quint.	CHEVREUIL.	28	
7	lundi.	st Gerbaud.	16	sextidi	Ajonc.	29	Conjug.
8	mardi.	CONCEPTION.	17	septidi	Cyprès.	30	N. L.
9	mercr.	ste Léocadie.	18	octidi.	Lierre.	1	
10	jeudi.	ste Eulalie.	19	nonidi	Sabine.	2	L. A.
11	vendr.	st Damase.	20	DÉCADI	HOYAU.	3	
12	sam.	st Florand, é.	21	prim.	Erable sucr.	4	
13	dim.	ste Lucie.	22	duodi.	Bruyère.	5	Conjug.
14	lundi.	st Nicaise.	23	tridi.	Roseau.	6	
15	mardi.	st Mesmin.	24	quart.	Oseille.	7	
16	mercr.	ste Adélaïde.	25	quint.	GRILLON.	8	P. Q.
17	jeudi.	st Zosyme.	26	sextidi	Pignon.	9	Éq. L.
18	vendr.	st Gatien.	27	septidi	Liége.	10	
19	sam.	st Timoléon.	28	octidi.	Truffe.	11	
20	dim.	st Philogone.	29	nonidi	Olive.	12	Périgée.
21	lundi.	st Thomas, ap.	30	DÉCADI	PELLE.	13	Solstice 11h.31m.s.

NIVOSE

22	mardi.	st Fabien.	1	prim.	Tourbe.	14	
23	mercr.	ste Victoire.	2	duodi.	Houille.	15	P. L. L. B.
24	jeudi.	ste Delphine.	3	tridi.	Bitume.	16	
25	vendr.	NOEL.	4	quart.	Soufre.	17	
26	sam.	st Étienne, m.	5	quint.	CHIEN.	18	
27	dim.	st Jean, év.	6	sextidi	Lave.	19	
28	lundi.	ss. Innocents.	7	septidi	Terre végét.	20	
29	mardi.	ste Eléonore.	8	octidi.	Fumier.	21	
30	mercr.	ste Colombe.	9	nonidi	Salpêtre.	22	D. Q. Éq. L.
31	jeudi.	st Sylvestre.	10	DÉCADI	FLÉAU.	23	

PHASES LUNAIRES

N. L. le 8, à 11 h. 57 m. du soir.
P. Q. le 16, à 0 h. 15 m. du soir.
P. L. le 23, à 4 h. 47 m. du mat.
D. Q. le 30, à 2 h. 27 m. du soir.

POINTS LUNAIRES

Eq. L. le 2, vers 10 h. s.
Conjug. le 7, vers 1 h. s.
L. A. le 10, à 10 h. m.
Conj. le 13, vers 1 h. m.
Eq. L. le 17, vers 5 h. m.
L B. le 23, à 9 h. matin.
Eq. L. le 30, vers 5 h. m.

Note sur l'agenda agricole qui occupe la 6ᵉ colonne du triple calendrier précédent.

L'*Agenda agricole* est comme la table des matières du cours de physique et d'histoire naturelle, dans ses applications à l'agriculture, que l'instituteur était tenu de faire à ses élèves. Chaque jour du calendrier portait le titre de la leçon, et chaque leçon coïncidait avec l'époque où le laboureur devait faire usage de l'objet dont le nom était inscrit sur ce jour de l'année.

Pendant les jours d'hiver, on ne rencontre dans ce calendrier que l'indication des substances brutes, propres à fertiliser le sol et à construire les habitations, ou des métaux dont la nature est d'un usage ordinaire. Dans les autres mois, le nom des plantes se lit à l'un des jours de l'époque où il importe de les semer ou de les récolter. Le QUINTIDI porte le nom d'un animal à élever ou à détruire; le DÉCADI, celui d'un instrument aratoire ou de ménage.

On comprend l'immense avantage que retirerait l'éducation publique du rétablissement d'un pareil cours dans nos écoles primaires, et si, chaque jour, après l'exercice choral qui devrait ouvrir la séance, l'instituteur commençait par décrire avec méthode et précision l'objet dont le nom se trouve inscrit à la date de cette journée, pour en exposer les caractères, la nature, la composition, les usages pratiques ou les dangers, et pour faire comme toucher du doigt toutes ces indications à ses élèves, en mettant pendant la leçon chaque chose à leur disposition.

L'instituteur aurait soin chaque jour de préparer sa leçon du lendemain, comme s'il retournait lui-même à l'école. Cette tâche lui serait rendue facile dans les communes où le conseil municipal a eu le bon esprit de fonder une bibliothèque, un musée et une exposition publique. Dans les autres communes, la municipalité ne se refuserait pas à voter des fonds pour procurer à l'instituteur communal les quatre ou cinq ouvrages qui lui seraient, pour ce cours, d'une indispensable nécessité.

N° VII.

PRÉVISION DU TEMPS

POUR CHAQUE MOIS DE

L'ANNÉE 1874,

D'APRÈS LES PRINCIPES DU

NOUVEAU SYSTÈME DE MÉTÉOROLOGIE *

---

* Dans la saison froide, le thermomètre baisse toutes les fois que le ciel se découvre, et monte toutes les fois que le ciel se couvre, parce que les nuages interceptent la température froide qui règne dans les couches supérieures de l'atmosphère; c'est le contraire qui arrive pendant la saison chaude, parce que les nuages interceptent la température chaude qui règne alors dans les couches supérieures de l'atmosphère; or les nuages arrivent quand le baromètre baisse et se dissipent quand il remonte. Cet axiome du *nouveau système de météorologie* explique, en s'y appliquant, pourquoi la neige protége, contre l'accroissement de la gelée, le sol et par conséquent les plantes et les animaux qui en sont recouverts; la surface de la neige étant la première en contact avec l'augmentation du refroidissement par la gelée. Mais cette protection varie d'un pas à l'autre, selon l'exposition et les accidents du terrain recouvert de neige et selon l'épaisseur de la couche qui le recouvre. Le thermomètre baissera et montera, selon les heures du jour, à mesure que vous le tiendrez plongé sous la couche de neige. N'allez donc pas courir, de place en place, votre thermomètre à la main pour constater les petites différences de température qui se manifestent de place en place ; et laissez ce travail aux besogneux oisifs de l'Académie des sciences ou à ceux qui aspirent à en être.

2.

N. B. L'abaissement de la colonne barométrique amène la pluie et le ciel couvert en été, et en hiver, la neige, le grésil. L'élévation de la colonne barométrique au contraire correspond au beau temps*.

JANVIER

Abaissement de la colonne barométrique et élévation de la température le 2, les 4 et 5, les 7 et 8, le 10, le 14, le 17, les 19 et 20, les 22 et 23, le 25, le 28, le 31.

Élévation de la colonne barométrique et abaissement de la température le 1er, le 3, le 6, le 9, du 11 au 13, du 15 au 16, le 18, le 21, le 24, les 26 et 27, les 29 et 30.

Tempêtes et fortes marées les 4 et 5, les 7 et 8, le 10, le 14, les 19 et 20, les 22 et 23, le 31.

FÉVRIER

Abaissement de la colonne barométrique et élévation de la température les 2 et 3, les 5 et 6, du 8 au 10, du 14 au 16, du 18 au 20, le 23, les 27 et 28.

* Le *nouveau système de météorologie*, dont la connaissance est indispensable à quiconque s'occupe de cette science, a été développé dans la série des *almanachs* des précédentes années, depuis 1865; nous y renvoyons nos lecteurs. Beaucoup de nos principes se sont vulgarisés sous la plume des *Révérends Pères et Plagiaires*; c'est un amusement comme un autre; surtout quand notre journalisme prend plaisir à s'en rendre la complice.

Élévation de la colonne barométrique et abaissement de la température le 1er, le 4, le 7, du 11 au 13, le 17, les 21 et 22, du 24 au 26.

Tempêtes et fortes marées les 2 et 3, les 5 et 6, du 8 au 10, du 14 au 16, du 18 au 20, le 23, les 27 et 28.

MARS

Abaissement de la colonne barométrique et élévation de la température les 1er et 2, les 5 et 6, le 8, le 11, du 13 au 15, les 16 et 17, les 19 et 20, le 24, du 26 au 28, les 30 et 31.

Élévation de la colonne barométrique et abaissement de la température le 3, le 7, les 9 et 10, le 12, le 18, du 21 au 23, le 25, le 29.

Tempêtes et fortes marées les 5 et 7, le 11, les 16 et 17, les 19 et 20, le 24, du 26 au 28, les 30 et 31.

AVRIL

Abaissement de la colonne barométrique et élévation de la température le 1er, les 3 et 4, le 7, du 11 au 13, les 15 et 16, le 22, du 24 au 26, les 28 et 29.

Élévation de la colonne barométrique et abaissement de la température le 2, les 5 et 6, du 8 au 10, le 14, le 17, les 20 et 21, le 23, le 27, les 29 et 30.

Tempêtes et fortes marées le 1er, les 3 et 4, le 10, le 13, les 15 et 16, du 18 au 21, les 28 et 29.

MAI

Abaissement de la colonne barométrique et élévation de la température le 1ᵉʳ, les 3 et 4, les 7 et 8, du 10 au 12, les 14 et 15, du 20 au 22, les 24 et 25, le 30.

Élévation de la colonne barométrique et abaissement de la température le 2, du 4 au 6, le 9, le 16, du 17 au 19, le 23, du 26 au 29, le 31.

Tempêtes et fortes marées du 12 au 16, les 21 et 22, les 24 et 25.

JUIN

Abaissement de la colonne barométrique du 3 au 7, les 9 et 10, les 12 et 13, du 15 au 18, du 19 au 20, le 29.

Élévation de la colonne barométrique les 1ᵉʳ et 2, le 8, le 11, les 14 et 15, du 23 au 28, le 30.

Tempêtes et fortes marées du 9 au 13, le 18, du 19 au 22.

JUILLET

Abaissement de la colonne barométrique du 1ᵉʳ au 3, les 5 et 6, du 8 au 10, le 13, les 15 et 16, du 18 au 21, les 27 et 28, les 30 et 31.

Élévation de la colonne barométrique le 4, le 7, les 11 et 12, le 14, le 17, du 22 au 27, le 29.

Tempêtes et fortes marées les 5 et 6, le 10, le 15, du 18 au 20.

AOUT

Abaissement de la colonne barométrique les 1ᵉʳ et 2, les 4 et 5, les 10 et 11, du 13 au 16, le 20, du 24 au 27, les 29 et 30.

Élévation de la colonne barométrique le 3, du 6 au 9, le 12, du 17 au 19, du 22 au 23, le 28, le 31.

Tempêtes et fortes marées les 1ᵉʳ et 2, les 4 et 5, du 13 au 16, du 28 au 30.

SEPTEMBRE

Abaissement de la colonne barométrique et élévation de la température le 3, du 6 au 10, les 12 et 13, le 16, le 19, les 21 et 22, le 25, le 27.

Élévation de la colonne barométrique et abaissement de la température les 1ᵉʳ et 2, les 4 et 5, le 11, du 13 au 15, le 17, le 20, le 23, le 26, du 28 au 30.

Tempêtes et fortes marées les 9 et 10, les 11 et 12, le 19, les 21 et 22, les 26 et 27.

OCTOBRE

Abaissement de la colonne barométrique et élévation de la température du 3 au 6, les 8 et 9, le 11, le 15, le 18, du 20 au 24, le 26, le 31.

Élévation de la colonne barométrique et abaissement de la température les 1ᵉʳ et 2, le 7, le 10, du 12 au 14, les 16 et 17, le 19, le 25, du 27 au 30.

Tempêtes et fortes marées du 3 au 6, du 9 au 11, du 20 au 24, le 26, le 31.

NOVEMBRE

Abaissement de la colonne barométrique et élévation de la température du 2 au 6, le 8, le 10, du 14 au 16, du 18 au 20, les 22 et 23, le 25, du 27 au 30.

Élévation de la colonne barométrique et abaissement de la température le 1er, le 7, le 9, du 11 au 13, le 17, le 21, le 24, le 26.

Tempêtes et fortes marées du 2 au 6, le 8, du 18 au 20, le 22, du 27 au 30.

DÉCEMBRE

Abaissement de la colonne barométrique et élévation de la température du 1er au 3, le 8, du 12 au 15, le 17, les 20 et 21, du 24 au 26, du 28 au 30.

Élévation de la colonne barométrique et abaissement de la température du 4 au 7, le 9, le 11, le 16, les 18 et 19, les 22 et 23, le 27, le 31.

Tempêtes et fortes marées du 1er au 3, le 8, le 10, du 12 au 15, le 17, les 20 et 21, du 24 au 26, du 28 au 30.

N° VIII.

PHYSIONOMIE GÉNÉRALE

DE CHAQUE MOIS DE L'ANNÉE 1874,

D'APRÈS LA TABLE DRESSÉE EN 1805

PAR

L'ABBÉ L. COTTE *

L'un des météorologues et des philosophes les plus distingués de la fin du xviii° et du commencement du xix° siècle.

---

* Grand-Jean de Fouchy, de l'Observatoire de Paris, ayant signalé, en 1764, à l'abbé L. Cotte, les rapports de la période lunaire de dix-neuf ans, avec le retour, an par an, des mêmes phénomènes de température moyenne, ce dernier s'appliqua à vérifier cette donnée sur la série des observations météorologiques que l'Observatoire mit à sa disposition; et il en dressa un tableau pour chaque année, à partir de 1805 jusqu'en 1898 inclusivement. C'est de ce travail que nous avons extrait ce qui concerne l'année 1874.

JANVIER

Température moyenne : variable. — Th. R. max. : +6°,2 ; — th. min. : —5°,3 — *Vents dominants :* Nord, Est. — *Jours de pluie :* 9. — *Épaisseur d'eau :* vingt et un millimètres.

FÉVRIER

Température moyenne : douce humide. — Th. R. max. : 10°,0 ; — th. min. : — 1°,0. — *Vents dominants* : Est, Sud. — *Jours de pluie :* 5. — *Épaisseur d'eau :* vingt-sept millimètres.

MARS

Température moyenne : assez froide, sèche. — Th. R. max. : 13°,0 ; — th. min. : —1°,0. — *Vent dominant :* Nord. — *Jours de pluie :* 8. — *Épaisseur d'eau :* trente millimètres.

AVRIL

Température moyenne : chaude, sèche. — Th. R. max. : 19°,0 ; — th. min. : +2°,0. — *Vent dominant :* Sud-Ouest. — *Jours de pluie :* 13. — *Épaisseur d'eau :* quarante-deux millimètres.

MAI

Température moyenne : froide, humide. — Th. R. max. : + 20°9 ; — th. min. : + 3. — *Vents dominants :* Sud, Ouest. — *Jours de pluie :* 15. — *Épaisseur d'eau :* quarante et un millimètres.

JUIN

Température moyenne : froide, humide. — Th. R. max. : 22°, 4. — th. min. : 6°, 4. — *Vent dominant :* Nord. — *Jours de pluie :* 18. — *Épaisseur d'eau :* quarante-trois millimètres.

JUILLET

Température moyenne : très-chaude, humide. — Th. R. max. : 24°, 7 ; — th. min. : 9°, 8. — *Vents dominants :* Nord, Ouest. — *Jours de pluie :* 7. — *Épaisseur d'eau :* trente-six millimètres.

AOUT

Température moyenne : très-chaude, très-sèche. — Th. R. max. : 24°, 7 ; — th. min. : 9°, 1. — *Vents dominants :* Nord, Est. — *Jours de pluie :* 6. — *Épaisseur d'eau :* vingt-huit millimètres.

SEPTEMBRE

Température moyenne : variable, humide.— Th. R. max. : 23°,4 ; — th. min. : 6°,2. — *Vent dominant :* Sud. — *Jours de pluie :* 16. — *Épaisseur d'eau :* soixante-dix millimètres.

OCTOBRE

Température moyenne : douce, assez humide. — Th. R. max. : 16°,8 ; — th. min. : 4°,4. — *Vent dominant :* Sud-Ouest. — *Jours de pluie :* 15. — *Épaisseur d'eau :* quatre-vingt-un millimètres.

NOVEMBRE

Température moyenne : froide, humide. — Th. R. max. : 11°,2 ; — th. min. : — 1°,5. — *Vent dominant :* Ouest. — *Jours de pluie :* 15. — *Épaisseur d'eau :* cinquante-six millimètres.

DÉCEMBRE

Température moyenne : froide, humide. — Th. R. max. + 11°,3. — th. min : —7°,8. — *Vents dominants :* Sud-Ouest, Nord-Est. : — *Jours de pluie :* 16. — *Épaisseur d'eau :* cinquante et un millimètres.

N° IX.

OBSERVATIONS

RECUEILLIES A VERSAILLES,

PENDANT L'ANNÉE 1855

ANNÉE QUI, DANS LA PÉRIODE LUNAIRE DE 19 ANS, CORRESPOND A LA PRÉSENTE ANNÉE 1874.

Il est probable que, pour Versailles, les phénomènes de l'année 1855 se reproduiront, en l'année 1874, à peu près aux mêmes époques, avec des modifications de localités et de latitudes pour les autres régions de la France, en tenant compte des différences entre les époques des périgées et des apogées des deux années, ainsi que de l'apparition imprévue d'une comète. Voir le *Traité de météorologie* dans l'*Almanach* de l'année 1867.

L'abaissement de la colonne barométrique étant plus fort à l'époque des périgées qu'à celle des apogées, il résulte que, toutes autres circonstances égales d'ailleurs, le temps sera plus mauvais sous la première que sous la seconde influence. Il suit de là que les périgées et les apogées du Cycle lunaire de dix-neuf ans ne tombant pas les mêmes jours du mois des deux années correspondantes, on devra, sur le calendrier comparatif de l'année 1855, transporter aux jours où tombent les périgées de l'année 1874, les indications de l'aspect du ciel des jours où tombent les périgées de l'année 1855 ; de même pour les apogées.

(JANVIER 1855)

J. solaires.	BAROMÈTRE	THERMOMÈTRE	VENTS	ASPECT DU CIEL	PHASES et POINTS lunaires.
		° °			
1	756,37-753,69	+ 4,8 + 9,3	O fort.	Couv., pl. fin., pl. fin.	
2	752,69-755,83	+ 8,3 + 9,8	O, N	Pluie, pluie, pluie.	L. B.
3	754,73-758,02	+ 6,8 + 8,8	NO	Br. lég., br. lég., br. l.	P. L.
4	758,44-759,38	+ 5,7 + 8,8	O, SO	Br., ép., ass. b., ass. b.	
5	759,89-759,86	+ 5,4 + 8,4	O, SO, O	Couv., nuag., couv.	Apog.
6	760,47-764,04	+ 6,1 + 9,2	O	Nuag., nuag., couv.	
7	764,77-765,83	+ 6,2 + 8,9	O, E, SO	Nuag., nuag., nuag.	
8	765,80-763,39	+ 3,8 + 7,8	E	Br. lég., bruine, couv.	
9	761,56-762,16	+ 0,0 + 4,4	E, O	Br. ép., ciel sup., couv.	
10	762,28-763,61	+ 3,4 + 6,0	E	Br., nuag., ciel orag.	Eq. L.
11	762,32-762,24	− 1,9 + 2,5	NE	Gel. bl., couv., couv.	D. Q.
12	763,03-764,16	− 3,4 + 1,4	E, NE	Gel. bl., couv., couv.	
13	763,22-761,21	+ 1,0 + 4,0	E	Couvert, nuag., nuag.	
14	760,43-762,77	+ 0,1 + 3,3	NE	Nuag., nuag., beau.	Conj.
15	762,38-757,89	− 4,0 + 1,4	NE, O	Gel. bl., neig., couv.	
16	754,01-749,25	+ 0,3 + 3,5	O	Br., couv., pet. pluie.	L. A.
17	749,29-749,98	− 8,7 − 6,2	NE, E	Couv., Couv., Couv.	Périg.
18	749,43-749,88	− 9,5 − 6,8	NE	Vapor. vapor. vapor.	N. L.
19	749,47-745,89	−13,0 − 7,2	NNE	Vap., cou., parc. de n.	Conjug.
20	744,70-745,46	−10,0 − 7,5	NO, O	Neige, neige, neige.	
21	746,26-749,93	−12,2 − 5,1	E, SO	Brouill., br. léger, br.	
22	748,57-750,68	−10,6 + 0,6	S, O	Humide, neige, neige.	Eq. L.
23	748,27-747,48	− 0,9 + 2,8	S, SO	Br. hum., bruine, n.	
24	748,27-750,87	− 3,2 + 1,0	O, NO	Parc. de neig., br., br	
25	751,13-750,66	− 6,9 + 1,9	NO, O	Ass. b., beau, grésil.	P. Q.
26	750,09-750,20	− 5,0 + 1,9	S,O, N O	Br. épais, nuag, br.	
27	748,70-748,62	− 6,7 + 0,0	E, O, E	Gelée bl., nuag., br.	
28	748,06-748,00	− 8,1 − 4,1	SO,EN,E	Br. épais, couv., couv	
29	748,06-740,77	−12,9 − 3,2	SO,E,NE	Brouill., brouill., br.	L. B.
30	740,84-740,50	− 8,8 − 3,1	E, SF, E	Neige, neige, neige,	
31	737,44-732,76	− 5,5 + 5,2	E	Dégel, nuag., nuag.	

Eau tombée, 22mm,9.

PHASES LUNAIRES.	POINTS LUNAIRES.	
P. L. le 3, à 8 h. 28 m. matin.	L. B. le 2 vers minuit.	Eq. L. le 22, vers min.
D. Q. le 11, à 0 h. 23 min. soir.	Eq. L. le 10, vers midi.	L. B. le 29, vers minuit.
N. L. le 18, à 8 h. 47 min., matin.	Conjug. le 14 vers midi.	
P. Q. le 25 à 4 h. 48 min. matin.	L. A. le 16, vers minuit.	

(FÉVRIER 1855)

J. solaires.	BAROMÈTRE	THERMOMÈTRE		VENTS	ASPECT DU CIEL	PHASES et POINTS lunaires.
1	740,74-748,88	— 1,6	+ 0,8	O, N	Br. lég., br. lég. br. lég.	Apog.
2	748,35-743,25	— 7,7	+ 0,6	E, NE	Verglas, pluie, pluie.	P. L.
3	739,66-710,30	— 0,1	+ 12,9	E, S	Brouillard, br., br.	
4	736,50-735,13	+ 5,7	+ 8,8	SE, SO, S	Br., pet. pluie, couv.	
5	735,12-735,17	+ 3,8	+ 7,0	SSE, O	Br. ép, couv., couv.	
6	734,53-737,22	+ 3,0	+ 8,9	S, NO	Brouill. ép., br., br.	Éq. L.
7	741,72-744,20	+ 2,6	+ 4,2	E	Brouill. ép., br., br.	
8	742,52-741,67	— 0,1	+ 6,9	E, ESE	br., br. ép., forte vap.	
9	743,36-744,37	— 0,6	+ 0,8	E, NE	Bro. lég. tout le jour.	Conj.
10	744,44-742,65	— 3,1	— 1,4	E, NE	Br. lég., couv., grésil.	D. Q.
11	739,37-733,62	— 3,5	— 1,4	E, NE	Br., couv., bruine.	
12	731,85-735,41	— 4,0	— 1,7	NE	Neige, neige, neige.	
13	733,68-729,50	— 6,0	— 3,5	ENE fort	Couv., nuag., neige.	L. A.
14	727,20-735,85	— 7,6	— 2,5	NO, O	Neige, rafales, neige.	
15	741,64-750,39	— 8,4	— 0,1	O	Dégel, nuag., nuag.	Périg.
16	749,82-741,11	— 9,3	— 4,3	E	Givre, beau, assez-b.	N. L.
17	741,07-745,48	— 9,4	— 3,6	NE	Pet. br., beau, assez-b	Conj.
18	747,26-748,17	— 9,1	— 5,3	E	Neige pers., b., assez-b	
19	748,67-744,48	— 10,8	— 1,9	E	Br. lég., br. lég., beau	Éq. L.
20	739,70-742,25	— 6,3	— 2,8	NE	Grésil, nuag., nuag.	
21	746,85-748,94	— 12,3	— 0,2	NO	Beau, beau, beau.	
22	748,40-750,05	— 2,4	+ 4,0	O	Brouil., neige, pet. pl.	
23	748,83-750,79	— 0,7	+ 2,3	E	Br. ép., br. ép., br. ép.	P. Q.
24	752,75-747,93	+ 0,0	+ 5,0	ESE, OSO	Couv., gouttes d'eau, nuageux.	
25	740,93-739,03	+ 1,0	+ 7,4	O	Humide, hum., hum.	
26	739,60-743,42	+ 5,2	+ 9,3	O	Couv., pl., pl. p. int.	L. B.
27	746,01-744,73	+ 2,8	+ 6,7	O	Br. ép., voilé, pet. pl.	
28	744,78-750,27	+ 5,0	+ 8,9	SSO, O	Brouill. nuag., nuag	Apog.

Eau tombée, 31mm,7.

PHASES LUNAIRES.

P. L. le 2, à 3 h. 54 m. matin.
D. Q. le 10, à 3 h. 40 m. matin.
N. L. le 16, à 6 h. 57 m. soir.
P. Q. le 23, à 5 h. 43 m. soir.

POINTS LUNAIRES.

Éq. L. le 6 vers midi.
Conjug. le 9 au matin.
L. A. le 13, vers midi.
Conj. le 17 après-midi.

Éq. L. le 19 vers midi.
L. B. le 26 vers midi.

(MARS 1855)

J. solaires.	BAROMÈTRE	THERMOMÈTRE	VENTS	ASPECT DU CIEL	PHASES et POINTS lunaires.
1	748,22-744,68	+ 4,2 + 8,7	O	Pet. pluie, pluie, c.	
2	743,92-734,20	+ 4,6 +11,9	O tr.-fort.	Couv., averses, aver.	
3	731,41-739,58	+ 5,4 +10,8	O fort.	Pet pl., couv., nuag.	P. L.
4	743,67-744,71	+ 0,7 + 9,9	O, S	Gelée blanche, b., b.	
5	742,72-744,77	+ 1,2 + 9,5	E	Gelée bl., n., petite pl.	Éq. L.
6	746,18-748,20	+ 1,3 +12,2	NO, O	Gel. bl., ciel vap., b.	Conj.
7	746,22-745,21	— 1,0 + 8,0	NE, E	Gel. bl., lég. br., b.	
8	750,04-752,24	— 0,1 + 4,3	E, N	Nuag., p. de neige, n.	
9	752,02-749,86	— 2,3 + 0,2	NNE, N	Gel. bl., couv., neig.	
10	748,22-745,42	— 3,2 + 4,1	O, E, N	Gr., parc. de neig., n.	
11	743,05-737,81	— 0,1 + 3,8	O, SE	Br., neig., gout d'eau	D. Q.
12	730,41-726,41	+ 1,0 + 7,7	O	Br., grêle et neige, br.	L. A.
13	731,88-738,58	+ 2,4 + 7,0	O	Grêle, brouil., beau.	
14	743,35-742,45	— 0,1 + 8,0	O	Gel. bl., gib., p. pluie	
15	744,32-746,66	+ 2,1 + 8,8	E, S	Brouil., brouil., pluie	
16	742,15-748,32	+ 5,4 +12,0	O	Couv., ciel orag., pl.	Périg.
17	747,21-744,43	+ 3,2 +12,6	SO fort.	Br., couv., g. d'eau	Conj.
18	747,57-750,45	+ 2,9 +10,3	O, NO	Nuag., nuag., nuag.	Éq. L.
19	751,18-752,36	+ 5,8 +13,2	O, NO	Vapor., nuag., nuag.	N. L.
20	748,20-739,85	+ 2,7 +14,0	SE, E	Br. lég., t. hum., c.	
21	733,26-726,05	+ 4,2 +15,2	E	Vapor., pet. pl., couv.	Éq. à 4 h.
22	721,78-719,88	+ 6,0 +11,3	S, SO	Pet. pl., orage, orage.	45 m. m.
23	723,45-730,63	+ 1,7 + 6,5	O	Br. ép., voilé, brouil.	
24	730,71-727,91	+ 2,2 + 6,3	E, NE	Pl. fine, brouil., br.	
25	732,13-738,81	— 1,0 + 1,9	N, NE	Neige, parc. de n., pl.	L. B.
26	739,21-743,15	— 0,9 + 0,9	NE, N	Neige, neige, neige.	P. Q.
27	745,34-750,32	— 0,1 + 6,6	N, O	Nuag., ass. b., nuag.	
28	752,65-755,92	— 1,3 + 8,6	NO	Gel. bl., sup., vapor.	Apog.
29	757,85-760,55	— 0,1 + 6,5	NE	Vap., orag., superbe.	
30	760,72-759,58	— 1,3 + 5,0	NE	G. bl., c., parc. de n.	
31	758,92-756,62	— 1,0 + 6,8	NE rafales	Nuag., nuag., nuag.	

Eau tombée, 49mm,7.

PHASES LUNAIRES.

P. L. le 3, à 10 h. 17 min. du soir.
D. Q. le 11, à 2 h. 0 min. du soir.
N. L. le 18, à 4 h. 55 min. du matin.
P. Q. le 25, à 11 h. 35 min. du mat.

POINTS LUNAIRES.

Éq. L. le 5 vers minuit.
Conjug. le 6, après-midi.
L. A. le 12, vers minuit.
Conjug. le 18, après-midi.
Éq. L. le 18, vers minuit.
L. B. le 25, vers midi.

— 43 —

(AVRIL 1855)

J. solaires.	BAROMÈTRE	THERMOMÈTRE	VENTS	ASPECT DU CIEL	PHASES et POINTS lunaires.
1	750,80-753,58	− 1,8 + 8,6	N, NNE	Vapeur, beau, beau.	Eq. L. Conj.
2	754,51-751,89	− 1,0 + 8,5	N, E	Br., vapor., vapor.	P. L.
3	748,79-744,05	+ 2,0 + 13,3	S	Br., vap., petit grain.	
4	742,16-745,11	+ 3,0 + 8,9	O, NE	Pet. pl., couv., couv.	
5	749,52-751,57	+ 0,1 + 8,0	N, NNE	Très -nuag.. beau, b.	
6	754,47-755,76	− 1,0 + 13,7	N	Gel. bl., beau, beau.	
7	754,94-752,82	+ 3,0 + 15,9	O, NOfort	Br. ép., nuag , pluie.	
8	753,03-754,17	− 4,0 + 11,7	NNE, NO, O	Gel. bl., nuag., couv.	L. A.
9	751,07-743,55	+ 4,8 + 12,0	O	Couv., pet. pl., couv.	D. Q.
10	738,51-737,35	+ 7,0 + 11,0	O	Tr.-nuag., averse de gr., or.	
11	730,13-744,25	+ 3,4 + 10,3	O, NO	Pluie, pluie, pet. pl.	
12	742,23-744,66	+ 6,0 + 14,9	O, NO	Br., orage, pl. abond.	
13	743,16-744,69	+ 8,6 + 17,1	SO, SE	Hum., nuag., ciel or.	Périg.
14	746,10-752,99	+ 8,1 + 17,0	S, N, NNE	Couv., tr.-nuag., nuag.	
15	757,59-757,12	+ 4,4 + 17,6	O, N	Conv., t. lourd, orag.	Eq. L.
16	758,37-755,95	+ 6,7 + 20,9	NE	Br. ép., beau, beau.	N. L.
17	756,55-754,42	+ 9,8 + 22,5	NE	Beau, superbe, sup.	Conj.
18	755,86-753,68	+ 7,1 + 19,9	NE	Beau, superbe, sup.	
19	752,52-749,38	+ 7,0 + 22,8	E	Beau, superbe, sup.	
20	751,29-756,83	+ 8,2 + 17,5	NE	Beau, assez-b., nuag.	
21	759,18-759,87	+ 2,0 + 11,1	E	Couv., couv., couv.	L. B.
22	760,87-758,21	+ 0,1 + 12,0	NE	Couv., couv., couv.	
23	760,29-757,82	+ 0,9 + 12,1	NE, E	Couv., couv., couv.	
24	758,25-755,00	+ 1,3 + 15,7	N, NNO	Gel. bl., nuag., nuag.	P. Q.
25	751,18-750,65	+ 4,9 + 12,5	N	Nuag., nuag., nuag.	Apog.
26	754,59-753,95	+ 3,0 + 12,1	N, NE	T. gr., ciel pl., nuag.	
27	755,27-753,30	+ 3,1 + 14,0	N, E	Nuag., nuag., nuag.	Conj.
28	751,82-746,93	+ 3,9 + 13,8	N, O, E	Nuag., nuag., nuag.	
29	753,13-752,15	+ 3,9 + 11,3	N	Nuag., couv., pl. ab.	Eq. L.
30	753,30-751,68	+ 3,7 + 15,1	N, E	Couv., g. d'eau, nuag.	

Eau tombée, 15mm,5

PHASES LUNAIRES.	POINTS LUNAIRES.	
P. L. le 2, à 2 h. 38 m. soir.	Eq. L. le 1er, vers min.	Conjug. le 16 vers min.
D. Q. le 9, à 9 h. 60 m. soir.	Conjug. le 1er au mat.	L. B. le 21 vers min.
N. L. le 16, à 5 h. 44 m. soir.	L. A. le 8, vers min.	Conjug. le 27 au matin
P. Q. le 24, à 6 h. 6 m. soir.	Eq. L. le 15 vers midi.	Eq. L. le 29 vers midi.

— 44 —

(MAI 1855)

J. solaires.	BAROMÈTRE	THERMOMÈTRE	VENTS	ASPECT DU CIEL	PHASES et POINTS lunaires.
1	751,07-747,54	+ 3,8 + 13,3	N, NE, NE	Br., temps gris, nuag.	
2	747,83-744,90	+ 6,2 + 15,1	E	Pet. pl., orage, nuag.	P. L.
3	742,14-738,93	+ 7,0 + 19,8	SE	P. d'or., p. pl., p. pl.	
4	736,62-742,29	+ 8,4 + 9,8	NE	Pl. ab., pet. pl., couv.	
5	743,01-749,02	+ 3,3 + 8,4	NE, N, NE	G. d'eau, couv., nuag.	L. A.
6	752,36-753,65	+ 1,0 + 14,0	N, NE, NO	Couv., nuag., couvert.	
7	754,37-751,05	+ 6,2 + 13,3	O	Couv., pet. pl., nuag.	
8	746,33-748,85	+ 7,3 + 11,2	O	Pet. av., nuag., nuag.	
9	749,59-755,45	+ 2,0 + 15,3	NE, NO, SO	Nuag., ciel orag., br.	Périg.
10	743,23-744,21	+ 8,2 + 15,7	O	Couv., nuag., pl. ab.	D. Q.
11	738,66-739,86	+ 7,8 + 13,3	O	Nuag., averses, nuag.	
12	743,28-749,10	+ 5,4 + 10,9	O, NO	Pet. pl., couv., nuag.	Eq. L.
13	747,41-746,37	+ 1,0 + 11,2	SE, S, SO	Gouttes d'eau, pl., pl.	
14	739,09-742,10	+ 5,9 + 9,3	O	P. pl., pet. pl., pet. pl.	
15	739,02-737,78	+ 4,8 + 9,4	E, NNE	Couv., couv., assez-b.	Conj. N L.
16	739,59-745,73	+ 5,1 + 10,8	O, N	Brûme, pluie, averse.	
17	748,78-752,72	+ 2,8 + 12,1	N, NO, O	Nuag., nuag., nuag.	
18	754,59-755,35	+ 2,1 + 16,0	O, NO, SO	Nuag., nuag., nuag.	
19	756,04-750,00	+ 4,7 + 18,7	SO, E, SE	Nuag., nuag., nuag.	L. B.
20	746,41-744,31	+ 8,4 + 18,2	E	Nuag., couv., g. de pl.	
21	744,02-745,43	+ 9,3 + 16,8	NE	Couv., p. pl., tr.-nuag.	
22	744,82-748,15	+ 8,0 + 11,6	E, NO	Brouil., couv., pluie.	Apog.
23	749,98-748,11	+ 8,0 + 16,7	O, S, O	Br. ép., nuag., nuag.	Conj.
24	748,06-746,69	+ 8,4 + 20,4	SE, S	Nuag., nuag., nuag.	P. Q.
25	747,60-746,94	+ 14,1 + 25,4	SE	Nuag., nuag., nuag.	
26	747,35-743,89	+ 12,2 + 26,9	SE	Assez-b., nuag., nuag.	Eq. L.
27	743,36-742,57	+ 15,0 + 25,0	E, S, SO	Nuag., p. pl., tr.-nuag.	
28	747,77-746,95	+ 9,7 + 19,4	O, N, O	Nuag., nuag., nuag.	
29	747,96-745,68	+ 7,0 + 15,9	O, N, NO	Br. ép., nuag., nuag.	
30	746,72-743,29	+ 6,1 + 13,2	NE	Nuag., couv., pet. pl.	
31	736,13-743,98	+ 6,2 + 14,1	N, E, SO	Pet. pl., pet. pl., br	P. L.

Eau tombée, 84mm,5.

PHASES LUNAIRES.

P. L. le 2, à 4 h. 13 m. matin.
D. Q. le 9, à 3 h. 44 m. matin.
N. L. le 16, à 2 h. 23 m. matin.
P. Q. le 24, à 0 h. 42 m. matin.
P. L. le 31, à 2 h. 57 m. soir.

POINTS LUNAIRES.

L. A. le 5 vers minuit.
Eq. L. le 12, vers midi.
Conjug. le 15 au soir.
L. B. le 19 vers midi.
Conjug. le 22 au soir.
Eq. L. le 26 vers minuit.

(JUIN 1855)

J. solaires.	BAROMÈTRE	THERMOMÈTRE	VENTS	ASPECT DU CIEL	PHASES et POINTS lunaires.
1	747,63-750,86	+ 8,6+18,1	SO, S	Nuag., couv., nuag.	
2	750,30-747,71	+ 7,2+19,7	N	Tr.-b., tr.-b., tr.-b.	L. A.
3	749,09-751,06	+ 7,4+15,1	N, O, S	Pet. pl., couv., couv.	
4	751,13-752,16	+10,7+20,7	SO	Pet. pl., couv., nuag.	Périg.
5	751,75-748,94	+11,3+26,5	SE, E	Nuag., nuag., nuag.	
6	747,77-745,55	+14,9+29,2	SE	Nuag., nuag., nuag.	
7	745,94-750,01	+13,8+24,6	O	Beau, beau, beau.	D. Q.
8	750,81-752,88	+12,0+22,2	OSO, O	Pet. pl., pluie, couv.	Éq. L.
9	754,67-755,97	+10,3+22,1	SE, SO, O	Beau, beau, ciel orag.	
10	757,60-755,26	+ 9,6+21,8	NE, N	Beau, beau, beau.	
11	753,11-751,37	+11,2+20,0	N, NE	Br., c. brum., c. brum.	
12	750,57-747,43	+15,6+26,2	N, E	Nuag., nuag., nuag.	
13	743,03-741,69	+16,0+27,0	SE, S, O	Gout. d'eau, pl., pl.	Conj.
14	740,74-745,77	+10,5+18,8	O, SO	Nuag., pluie, nuag.	N. L.
15	742,74-738,23	+10,5+15,3	S, SO	Pluie, pluie, pluie.	L. B.
16	740,47-738,49	+ 8,5+17,5	SO	Pl. p. interv. tout le j.	
17	742,97-752,24	+ 8,4+15,3	O, NO	Pl. p. interv. tout le j.	
18	756,41-752,05	+ 6,2+17,8	NO, NE, O	Nuageux, couv., pluv.	Conj.
19	749,39-754,32	+10,0+16,2	O, NO	T. somb., hum. et gl.	Apog.
20	755,10-757,42	+ 6,8+13,3	N, NE	T. somb., hum. et gl.	
21	756,06-755,04	+ 7,2+14,7	N	G. d'eau, pl. f., couv.	
22	755,44-754,04	+10,4+18,8	N	Br. ép., pet. pl., p. pl.	Eq. L.
23	752,14-754,60	+ 9,2+19,0	NO	Pet. av., pl. fine, pl. f.	P. Q.
24	756,51-757,98	+ 9,0+19,6	NO	Beau, beau, ciel orag.	Solst.0 h.
25	757,81-757,18	+ 7,2+20,6	NO	Beau, beau, beau.	58 m. m.
26	757,96-759,55	+ 9,3+24,3	O, NO	Beau, beau, beau.	
27	760,35-758,91	+13,7+24,9	E	Beau, beau, beau.	
28	757,70-754,02	+14,1+25,0	E	Temps sup., sup., sup.	
29	751,90-748,36	+14,1+28,6	NE, E	Beau, beau, b au.	L. A.
30	752,74-755,65	+18,3+25,5	NO, O	Pet. pl., nuag., nuag.	P. L.

Eau tombée, 53^{mm},6.

PHASES LUNAIRES.

D. Q. le 7, à 7 h. 57 m. matin.
N. L. le 14, à 2 h. 38 m. soir.
P. Q. le 22, à 5 h. 4 m. soir.
P. L. le 29, à 11 h. 23 m. soir.

POINTS LUNAIRES.

L. A. le 2 vers midi. | Conjug., 15/18 au matin
Eq. L. le 8 vers minuit. | Eq. L. le 22 vers min.
Conjug. le 13 au matin. | L. A. le 29 vers minuit.
L. B. le 15 vers midi.

3.

(JUILLET 1855)

J. nolaires.	BAROMÈTRE	THERMOMÈTRE	VENTS	ASPECT DU CIEL	PHASES et POINTS lunaires.
1	756,33-757,26	+ 12,9 + 27,8	O	Beau, beau, beau.	Pèrig.
2	757,33-755,33	+ 14,1 + 24,8	O	Nuag., nuag., nuag.	
3	755,47-754,68	+ 14,6 + 24,8	NO, N	Nuag., tr.-nuag., or.	
4	754,64-753,65	+ 11,8 + 25,8	NE, NO, N	Nuag., g. de pl., p. ay.	
5	753,82-751,90	+ 11,0 + 23,8	E, NO	Beau, nuageux, nuag.	Éq. L.
6	751,89-750,89	+ 14,7 + 27,5	E, NO, O	Beau, nuageux, nuag.	D. Q.
7	752,44-750,94	+ 15,0 + 26,8	E, NE	Nuageux, averse, pl.	
8	749,88-746,19	+ 13,1 + 26,7	NE	Pluie, pluie, pluie.	
9	744,28-742,50	+ 16,1 + 26,0	E, SSE, SO	Couvert, couv., couv.	
10	742,49-739,94	+ 15,3 + 20,9	S, N	Nuig., nuag., nuag.	Conj.
11	741,33-742,41	+ 14,0 + 22,0	O, SO	Ass. b., ass. b., beau.	
12	743,62-750,16	+ 13,8 + 21,3	NO, O	Beau, beau, beau.	L. B.
13	751,94-750,54	+ 12,3 + 27,5	NO, SE	Averses, nuag., nuag.	
14	749,84-751,48	+ 16,2 + 27,5	E, O	Superbe, sup., sup.	N. L.
15	751,61-748,68	+ 13,9 + 27,7	O, S	Nuag., tr.-nuag., n.	Conj.
16	744,48-744,56	+ 15,0 + 23,0	SO, O	Beau, magnif., beau.	
17	743,06-747,48	+ 12,2 + 17,9	O	Vap. lég., beau, beau.	Apog.
18	747,47-746,62	+ 8,5 + 20,9	SO	Serein, beau, beau.	
19	746,30-744,30	+ 12,8 + 22,3	SO	Nuag., nuag., éclairs.	
20	747,42-751,48	+ 11,2 + 21,0	O, NO	Beau, beau, beau.	Éq. L.
21	752,88-755,62	+ 9,3 + 21,9	NO	Pl. fine, nuag., nuag.	
22	756,25-754,11	+ 10,1 + 24,7	N, NO	Beau, nuageux, nuag.	P. Q.
23	752,22-748,20	+ 12,2 + 24,9	NE, O, N	Nuag., nuag., éclairs.	
24	745,90-744,00	+ 14,1 + 24,4	SO	Pet. pl., nuag., p. pl.	
25	746,72-746,19	+ 11,3 + 22,3	SO, S	Nuag., nuag., nuag.	
26	747,24-749,83	+ 12,6 + 21,6	O	Nuag., nuag., nuag.	
27	749,73-751,38	+ 14,1 + 23,3	SO	Nuag., nuag., nuag.	L. A.
28	752,47-750,52	+ 11,3 + 22,0	O	B., mag., couv. et pl.	
29	751,03-749,40	+ 14,0 + 22,6	O, SE, E	Pet. pl., p. pl., nuag.	P. L.
30	750,16-748,55	+ 13,2 + 24,9	NO, O	Nuag., var., nuageux.	Pèrig.
31	747,40-748,49	+ 15,1 + 28,1	SO	Br. ép., beau, beau.	

Eau tombée, 50mm,5.

PHASES LUNAIRES.

D. Q. le 6, à 1 h. 37 m. soir.
P. L. le 14, à 4 h. 40 m. matin.
P. Q. le 22, à 7 h. 59 m. matin.
P. L. le 29, à 6 h. 30 m. matin.

POINTS LUNAIRES.

Éq. L. le 5 vers minuit. Éq. L. le 20 v. midi.
Conjug. le 10 au matin. L. A. le 27 vers midi.
L. B. le 12 vers minuit.
Conjug. le 15 vers minuit.

(AOUT 1855)

J. solaires.	BAROMÈTRE	THERMOMÈTRE	VENTS	ASPECT DU CIEL	PHASES et POINTS lunaires.
1	749,85-748,79	+ 15,6 + 27,7	E, SO, S	Nuag., c. orag., orag.	
2	750,12-748,20	+ 15,9 + 29,9	SO, O	Nuag., c. orag., nuag.	Éq. L.
3	748,48-744,76	+ 17,6 + 28,7	E, SO, O	Tr.-nuag., Tr.-., n.	D. Q.
4	747,92-748,93	+ 12,0 + 22,0	O	Ass.-b., nuag., nuag.	Conj.
5	750,41-754,54	+ 12,2 + 22,6	O	G. de pl., nuag., nuag.	
6	754,75-751,01	+ 11,1 + 25,8	NE, SE, E	Nuag., nuag., nua:.	
7	747,56-748,69	+ 15,2 + 24,7	SO, O	Nuageux, nuag., vap	
8	746,33-747,87	+ 13,6 + 18,0	O	Nuag., nuag., nuag	L. B.
9	748,65-751,18	+ 13,2 + 20,2	NO	Tr.-nuag., or., nuag.	
10	752,30-755,19	+ 10,9 + 22,2	NE	N., lég. av., lég. av.	
11	756,66-757,44	+ 10,8 + 23,3	NO	P. pl., pet. pl., pet. pl.	N. L.
12	757,57-755,27	+ 10,7 + 23,3	O, NO, N	N., or., gr. g. de pl.	Apog.
13	755,09-754,52	+ 14,9 + 21,0	N, NE	Beau, beau, beau.	Conj.
14	755,65-756,43	+ 8,5 + 21,9	N, NE	G. d'eau, nuag. écl.	
15	756,94-758,03	+ 13,2 + 24,1	NO, N	Tr.-nuag., c. or, or.	
16	759,05-756,81	+ 11,2 + 25,0	NO, N	Pet. pl., or., r.-nuag.	Éq. L.
17	758,61-756,60	+ 13,1 + 24,8	E	P. av. p. raf., nuag., n.	
18	754,91-749,55	+ 13,1 + 26,3	E	Pet. pl., pet. pl., av.	
19	747,43-749,87	+ 16,9 + 28,3	O, SO	Couv., couv., av. fr.	
20	751,84-752,38	+ 13,9 + 24,4	O, SO	Beau, beau, beau.	P. Q.
21	751,55-752,69	+ 16,0 + 26,3	SO, O	Br. ép., nuag., nuag.	
22	754,33-751,46	+ 12,2 + 25,3	O	C. ser., c. ser., c. ser.	
23	749,22-744,46	+ 13,2 + 32,7	E, SE	C. ser., c. ser., c. ser.	L. A.
24	747,28-749,31	+ 18,8 + 27,3	SO	Couv., pet. av., p. av.	
25	752,67-752,01	+ 16,2 + 25,5	N, NO	Pet. pl., pet. pl., couv.	
26	753,90-754,81	+ 13,4 + 25,8	NE, O, N	Couv., pet. av., av.	
27	753,99-750,47	+ 12,8 + 27,5	SE, SO	Beau, beau, beau.	P. L.
28	748,79-748,01	+ 15,1 + 31,5	O, N	Nuag., pet. av., nuag.	
29	750,81-754,78	+ 14,8 + 18,6	N	Couv., pet. pl., nuag.	Éq. L.
30	757,47-756,47	+ 11,7 + 21,3	NE	Nuag., nuag., nuag.	
31	755,51-753,54	+ 12,3 + 22,8	NE	Nuag., nuag., nuag.	

Eau tombée, 42^{mm},0.

PHASES LUNAIRES.	POINTS LUNAIRES.	
D. Q. le 4, à 9 h. 20 m. soir.	Éq. L. le 2 vers midi.	Éq. L. le 16 vers midi.
N. L. le 12, à 7 h. 2 m. soir.	Conjug. le 5 au matin.	L. A. le 23 vers midi.
P. Q. le 20, à 3 h. 43 m. soir.	L. B. le 8 vers minuit.	Éq. L. le 29 vers midi.
P. L. le 27, à 1 h. 30 m. soir.	Conjug. le 13 v. minuit.	

— 48 —

(SEPTEMBRE 1855)

J. solaires	BAROMÈTRE.	THERMOMÈTRE		VENTS	ASPECT DU CIEL	PHASES et POINTS lunaires.
		°	°			
1	754,55-756,47	+ 14,9	+ 19,7	NE	Pet. av., couv., nuag.	
2	753,93-752,07	+ 13,1	+ 15,3	NE	T. s., couv., g. de pl.	
3	750,70-748,65	+ 9,8	+ 18,1	NE	Nuag., couv., couv.	D. Q.
4	748,07-746,33	+ 12,8	+ 23,6	NE	Br. épais, nuag., écl.	
5	746,49-748,94	+ 13,1	+ 16,7	NE	Nuag., g. d'eau, nuag.	L. B.
6	754,47-747,43	+ 9,6	+ 17,1	NE	C. ser., c. ser., c. ser.	
7	759,64-760,56	+ 8,1	+ 18,7	E	Superbe, sup., sup.	
8	760,10-756,78	+ 6,7	+ 20,6	NE, E	Nuag., nuag., nuag.	
9	755,17-752,96	+ 8,6	+ 23,3	NE	Ciel. s., ciel. s., c. s.	Apog.
10	752,00-749,60	+ 10,6	+ 19,2	NE	Pet. av., couv., nuag.	
11	748,96-753,02	+ 9,2	+ 15,3	N	Beau, beau, beau.	N. L.
12	755,63-754,55	+ 7,0	+ 21,1	N, NO	Brouill., beau, beau.	Eq. L.
13	754,16-751,10	+ 6,7	+ 22,9	NO, O, S	Brouill. ép., couv., pl.	Conj.
14	748,32-749,76	+ 12,2	+ 19,8	O	Brouill. ép., couv., pl.	
15	753,16-756,09	+ 11,0	+ 16,3	NE, NO	Nuag., nuag., nuag.	
16	756,26-754,87	+ 8,8	+ 21,8	SO, O	Nuag., nuag., nuag.	
17	754,16-751,22	+ 8,4	+ 22,2	SO, SE, N	Br. ép., beau, beau.	
18	750,09-748,88	+ 10,1	+ 22,8	E, NE	Nuag., tr.-nuag., or.	
19	749,78-751,68	+ 9,9	+ 25,0	E, NO	Br. ép., beau, beau.	P. Q.
20	752,82-756,59	+ 13,3	+ 25,0	SE, E	Beau, beau, beau.	L. A.
21	758,35-756,70	+ 11,5	+ 24,0	NE, E	Br. ép., beau, sup.	
22	756,06-754,33	+ 12,7	+ 24,3	NE	Beau, beau, c. mag.	
23	756,10-756,84	+ 12,8	+ 26,2	SE, E	Br. épais, beau, sup.	Eq. à 9 hms
24	757,92-759,56	+ 12,5	+ 18,0	NE	Br., t. gris et froid.	Périg.
25	759,63-757,34	+ 6,2	+ 16,5	NE	Couv., couv., couv.	P. L.
26	745,46-753,01	+ 5,1	+ 17,6	E	Couv., couv., couv.	Eq. L. Conj.
27	752,21-749,42	+ 8,4	+ 24,8	NE, S, SE	Nuag., nuag., nuag.	
28	746,80-742,69	+ 13,1	+ 21,7	SO, S	Nuag., couv., pluie.	
29	742,08-740,33	+ 13,2	+ 22,2	S, SE	Pet. pl., nuag., nuag.	
30	737,43-740,96	+ 14,0	+ 17,0	SE, SO	Couv., p. pl., pl. p. int.	

Eau tombée, 12ᵐᵐ, 8

PHASES LUNAIRES
D. Q. le 3, à 8 h. 33 m. matin.
N. L. le 11, à 11 h. 1 m. matin.
P. Q. le 19, à 7 h. 10 m. matin.
P. L. le 25, à 9 h. 35 m. soir.

POINTS LUNAIRES.
L. B. le 5 vers midi.
Eq. L. le 12 vers minuit.
Conjug. le 12 au matin.
L. A. le 19 vers minuit.
Eq. L. le 25 vers minuit.
Conjug. le 25 vers minuit.

(OCTOBRE 1855)

J. solaires.	BAROMÈTRE	THERMOMÈTRE	VENTS	ASPECT DU CIEL.	PHASES et POINTS lunaires.
1	741,41-739,36	+ 9,6+16,8	S, SE	Rosée, pluie, pluie.	
2	743,94-746,17	+ 9,0+16,7	SO, SE	Forte ros., pl. fine, pl.	L. B.
3	746,47-744,17	+10,1+19,3	SO, S	Br. léger, couv., br.	D. Q.
4	740,66-739,31	+13,8+18,7	S fort	Couv., pluie, couv.	
5	741,46-740,54	+12,4+19,8	SO	Beau, nuag., éclairs.	
6	737,59-738,16	+12,1+20,4	S	Nuag., nuag., nuag.	
7	734,53-737,70	+13,1+17,4	SO, SE	Pet. av., pluie, pluie.	Apog.
8	739,82-743,00	+ 9,2+16,3	S, SO	Ass. b., nuag., uag.	
9	740,85-742,41	+ 9,8+15,0	SO, O	P t. pl., nuag., nuag.	Éq. L.
10	742,90-748,29	+ 8,1+13,3	O, NO	Pluie, nuag., nuag.	
11	748,87-745,30	+ 9,1+13,1	O, SO	Couv., couv., couv.	N. L.
12	746,74-747,69	+10,8+16,4	O	Couv., av. et pl., couv.	Conj.
13	746,23-744,44	+ 9,9+15,9	O, SO	Pet. pl., couv., pluie.	
14	739,31-737,35	+11,0+18,7	SO	Pluie, couvert, pluie.	
15	737,51-742,79	+10,0+15,0	O, SO	P. av., av. et tonn., pl.	
16	748,44-747,02	+ 6,6+15,2	SO, S	Nuag., pet. pl., couv.	L. A.
17	744,81-744,22	+ 7,3+14,3	SE	Beau, nuag., nuag.	P. Q.
18	746,42-753,04	+ 7,7+15,1	O, NO	Br. ép., pet. pl., br.	
19	753,86-756,64	+ 5,2+13,6	NO	Br. épais, br., br. ép.	
20	758,03-759,52	+ 4,1+16,9	NO,SSE,NO	Br. ép., mag., beau.	Conj.
21	759,46-757,61	+ 4,0+16,7	SE, SSO, S	Beau, beau, beau.	
22	758,07-755,84	+ 6,1+14,8	NE, ESE	Brouill., br., br. ép.	Éq. L.
23	752,67-749,43	+ 7,2+17,8	E, SE	Br., brumeux, brum.	
24	750,89-756,00	+10,3+14,1	O, NO	Pet. pl., couv., nuag.	P. L.
25	756,22-750,27	+ 4,3+13,5	OSO, O	Couv., couv., couv.	
26	743,23-735,73	+ 8,2+14,0	SSO, S	Ciel pluv., pluie, pl.	
27	736,24-738,54	+ 7,8+10,2	SE, NE	Voilé, voilé, voilé.	
28	738,50-740,46	+ 6,9+ 9,3	N	Pet. pl., t. gris, couv.	L. B.
29	737,87-730,20	+ 7,4+10,6	NE	Brouill. épais, pl., pl.	
30	727,96-732,79	+ 7,7+10,4	SO	Brouill., pet. pl., br	
31	733,70-738,36	+ 7,0+10,0	SE, S	Nuag., nuag., nuag.	

Eau tombée, 56^{mm},8.

PHASES LUNAIRES.	POINTS LUNAIRES.	
D. Q. le 2, à 11 h. 44 m. soir.	L. B. le 2 vers midi.	Conjug. le 21 vers minuit.
N. L. le 11, à 3 h. 33 m. matin.	Eq. L. le 7 vers minuit.	Eq. L. le 23 vers midi.
P. Q. le 18, à 3 h. 47 m. matin.	Conjug. le 11 au matin.	L. B. le 29 vers minuit.
P. L. le 25, à 7 h. 36 m. matin.	L. A. le 17 vers minuit.	

(NOVEMBRE 1855)

J. solaires	BAROMÈTRE	THERMOMÈTRE		VENTS	ASPECT DU CIEL	PHASES et POINTS lunaires
		°	°			
1	738,31-741,38	+ 1,4	+ 5,3	ONO, O	Brouill. épais, pl., pl.	D. Q.
2	745,17-746,32	+ 0,8	+ 7,4	O, SO	Nuag., couv., neige.	
3	740,49-742,48	+ 1,2	+ 7,6	S, SO	Pl. et neige, pl., pl. ab.	Apog.
4	744,08-752,01	+ 2,3	+ 5,3	NNO, N	Pluv., pluv., pluv.	
5	756,41-758,94	+ 2,2	+ 4,2	N	Br. ép., pluv., pluv.	
6	759,17-756,26	+ 0,8	+ 4,8	»	Bt. ép., pluv., pluv.	Eq. L
7	752,78-748,66	+ 1,8	+ 6,2	S, SE	Br. ép., tr.-nuag., c.	
8	744,52-746,51	+ 0,5	+ 9,3	SE	Br. l., ass. b., ass. b.	
9	748,07-746,65	+ 4,9	+ 12,0	S, SE	Brouill., pl., brouill.	N. L.
10	747,92-753,69	+ 8,0	+ 9,6	SO, N	T. humide toute la j.	Conj.
11	756,54-754,93	+ 3,0	+ 8,6	ESE, NNO	Br. tr.-ép., beau, sup.	
12	754,73-752,95	+ 2,5	+ 5,1	E, NE	Brouill., couv., br.	
13	750,11-748,73	+ 2,7	+ 5,5	E, NE	Brouill., couv., couv.	L. A.
14	748,62-751,88	+ 2,7	+ 3,9	NE	Couv., éclaire, couv.	
15	751,51-755,25	− 2,0	+ 5,7	E, SE	G. bl., lég. br., lég. br.	
16	755,41-755,20	− 0,1	+ 3,2	E, SE, NE	G. bl., assez beau, br.	P. Q.
17	754,75-754,55	+ 2,4	+ 4,1	E	Brouill., couv., couv.	Conj.
18	743,43-751,79	+ 0,8	+ 6,2	NE	Brouill., couv., couv.	
19	750,14-749,68	+ 5,0	+ 5,6	E, NE, N	Brouill., couv., couv.	Périg.
20	749,26-749,79	+ 4,1	+ 5,5	NE, NE	Br. et brouill. tout le j.	Eq. L.
21	748,92-749,03	+ 3,9	+ 6,2	SSO, S	Brouill., pl., brouill.	
22	749,13-747,90	+ 4,5	+ 7,0	SE, E	Ass. b., ass. b., couv.	
23	746,44-745,92	+ 3,2	+ 5,2	NO	Br., pet. pluie, br.	P. L.
24	745,83-744,57	+ 3,0	+ 6,9	O, ONO	Brouill. épais, pl., pl.	
25	746,93-753,86	+ 1,3	+ 3,0	NE	Pet. pluie, br., couv.	
26	754,88-752,66	− 2,8	+ 1,8	NE	Gel bl., beau, beau.	L. B.
27	750,88-749,10	− 4,0	+ 4,0	NE, NNO	G. bl., couv., br. ép.	
28	749,65-752,30	− 2,7	+ 5,3	N, NNE	Brouill., br. épais, br.	
29	752,96-752,23	− 2,8	+ 2,0	ENE, N	Gel. bl., brouill., br.	
30	750,87-752,39	+ 1,5	+ 6,9	N	Br., ass. beau, ass. b.	

Eau tombée, 24mm,9.

PHASES LUNAIRES.	POINTS LUNAIRES.	
D. Q. le 1, à 5 h. 20 m. soir.	Eq. L. le 6 vers midi.	Eq. L. 19 vers minuit.
N. L. le 9, à 7 h. 40 m. soir.	Conjug. le 9 vers midi.	L. B. le 26, vers midi.
P. Q. le 16, à 11 h. 24 m. soir.	L. A. le 13 vers midi.	
P. L. le 23, à 8 h. 1 m. soir.	Conjug. le 17 au matin.	

(DÉCEMBRE 1855)

j. solaires.	BAROMÈTRE	THERMOMÈTRE	VENTS	ASPECT DU CIEL	PHASES et POINTS lunaires.
1	753,78-750,56	+ 0,2 + 5,9	»	Gel. bl., c., tr.-nuag	Apog. D Q.
2	746,41-744,75	+ 2,0 + 3,2	»	Br., br. ép., p. plaie.	
3	744,49-750,62	− 1,3 + 0,1	»	Beau, beau, beau.	Eq. L.
4	751,77-748,97	− 6,2 + 0,0	»	Gelée bl., c., pl. fine.	
5	743,41-749,47	+ 1,7 + 6,8	»	Couvert, pluie, pluie.	
6	737,39-739,26	− 0,3 + 4,1	»	Neige, neige, couv.	
7	740,03-740,43	+ 0,2 + 3,8	»	Gel. bl., couv., neig.	Conj. N. L. L. A.
8	739,93-743,73	+ 0,3 + 3,3	r	Br., nuag., n. et gr.	
9	746,82-752,06	− 2,3 − 1,1	»	Couv., couv., couv.	
10	753,19-752,32	− 4,7 − 2,4	»	Couvert, couv., tr.-n.	
11	752,52-750,86	− 3,8 − 1,6	»	Brouill., brouill., br.	
12	747,54-745,12	− 7,8 − 1,5	»	Couv., couv., couv.	Conj. Périg.
13	749,96-754,18	− 4,3 − 1,4	»	Brouill., br., br. ép.	
14	754,46-748,56	− 6,7 + 2,4	»	Couv., neige, pluie.	
15	750,58-759,08	+ 4,0 + 6,2	»	Brouill., brouill., br.	Eq. L. P. Q.
16	759,00-756,24	+ 5,3 + 6,8	»	Brouill., brouill., br.	
17	753,24-750,33	+ 1,4 + 3,7	»	Couv., couv., couv.	
18	750,30-755,12	+ 0,3 + 4,4	»	Br., qq. g. d'eau, br.	
19	757,16-755,84	− 6,8 − 1,9	»	Nuag., nuag., nuag.	
20	754,20-750,63	−10,1 − 4,2	»	Nuag., nuag., nuag.	
21	746,57-742,35	−12,0 − 6,3	vent. fort.	Nuag., nuag., p. neig.	solstice. à 8 h. 58. L. B. P. L.
22	755,21-751,93	−10,0 − 4,1	»	Beau, beau, brouill.	
23	750,10-746,04	− 3,4 + 6,1	»	Pluie, pluie, pluie.	
24	749,59-750,97	+ 3,3 + 7,7	»	Nuag., couv., nuag.	
25	748,56-739,71	+ 2,7 + 6,8	»	Br. ép., couv., pet. pl.	
26	741,85-739,38	+ 4,0 + 9,7	v. tr.-fort.	Ass. beau, pluv., pluv.	
27	743,36-744,45	+ 6,3 +10,7	»	Pet. pl., ass. b., ass. b.	
28	745,49-749,92	+ 7,5 +12,7	»	Nuag., nuag., nuag.	
29	752,46-755,83	+ 7,2 +10,1	»	Couv., couv., couv.	Apog. Eq. L. D. Q.
30	757,09-761,21	+ 6,9 +10,3	»	Br. ép., ass. beau, br.	
31	760,08-754,19	+ 0,3 + 5,0	»	Br. ép., nuag., pl. fine.	

Eau tombée, 21mm,2

PHASES LUNAIRES.

D. Q. le 1, à 2 h. 20 m. soir.
N. L. le 9, à 10 h. 27 m. matin.
P. Q. le 16, à 7 h. 6 m. matin.
P. L. le 23, à 10 h. 48 m. matin.
D. Q. le 31, à 0 h. 43 m. matin.

POINTS LUNAIRES.

Eq. L. le 3 vers min.
Conjug. le 8 au matin.
L. A. le 10 vers min.
Conjug. le 13 au matin.
Eq. L. le 16 vers min.

L. B. le 23 vers minuit
Eq. L. le 30 vers minuit

N° X.

TABLEAUX

DU LEVER ET DU COUCHER DU SOLEIL ET DE LA LUNE

POUR CHAQUE JOUR

DE

L'ANNÉE 1874.

Ces tableaux ne s'appliquent qu'à la latitude de Paris. Pour les autres latitudes, il y aurait une petite correction à faire dans le chiffre des minutes, aux lever et coucher du soleil. Mais ces corrections n'ont pas une grande importance pour les usages de la vie civile, et elles nous prendraient un espace que le petit cadre de cette publication ne nous permet pas de leur consacrer.

Jours du mois	JANVIER 1874 SOLEIL Lever	Couchor.	LUNE Lever	Coucher.	Jours du mois	FÉVRIER 1874 SOLEIL Lever.	Couchor.	LUNE Lever	Coucher.	Jours du mois	MARS 1874 SOLEIL Lever.	Coucher.	LUNE Lever	Coucher.
	h. m.	h. m.	h. m. soir.	h. m. matin		h. m.	h. m.	h. m. soir.	h. m. matin		h. m.	h. m.	h. m. soir.	h. m. matin
1	7.56	4.12	2.43	6.57	1	7.33	4.56	4.48	8. 4	1	6.44	5.41	3.47	6.34
2	7.56	4.13	3.37	8. 2	2	7.31	4.57	5.59	8.25	2	6.42	5.43	4.57	6.50
3	7.56	4.14	4.41	8.53	3	7.30	4.59	7. 8	8.44	3	6.40	5.45	6. 5	7. 6
4	7.56	4.15	5.51	9.31	4	7.28	5. 1	8.15	9. 0	4	6.38	5.46	7.12	7.20
5	7.55	4.16	7. 3	10. 0	5	7.27	5. 2	9.22	9.14	5	6.36	5.48	8.18	7.33
6	7.55	4.17	8.14	10.22	6	7.25	5. 4	10.28	9.27	6	6.34	5.49	9.24	7.46
7	7.55	4.19	9.22	10.39	7	7.24	5. 6	11.35	9.41	7	6.32	5.51	10.32	8. 0
8	7.55	4.20	10.28	10.54	8	7.22	5. 7		9 56	8	6.30	5.53	11.43	8.17
9	7.54	4.21	11.35	11 8				matin		9	6.28	5.54		8.38
10	7.54	4.22	—	11.22	9	7.21	5. 9	0.44	10.14	10	6.25	5.56	matin 0.56	9. 4
			matin		10	7.19	5.11	1.56	10.36					
11	7.53	4.24	0.12	11.36	11	7.17	5.13	3.10	11. 6	11	6.24	5.57	2. 6	9.38
12	7.53	4.25	1.50	11.52	12	7.16	5.14	4.22	11.47	12	6.22	5.59	3.12	10.26
				soir.					soir.	13	6.20	6. 0	4.10	11.31
13	7.52	4.26	3. 2	0.12	13	7.14	5.16	5.27	0.44					soir.
14	7.51	4.28	4.16	0.38	14	7.12	5.17	6.20	1.56	14	6.18	6. 2	4.55	0.48
15	7.51	4.29	5.31	1.14	15	7.11	5.19	7. 1	3.20	15	6.16	6. 3	5.29	2.13
16	7.50	4.31	6.41	2. 3	16	7. 9	5.20	7.32	4.49	16	6.14	6. 5	5.55	3.41
17	7.49	4.32	7.42	3. 8	17	7. 7	5.22	7.55	6.18	17	6.12	6. 6	6.16	5.10
18	7.48	4.33	8.30	4.27	18	7. 5	5.24	8.15	7.45	18	6. 9	6. 8	6.34	6.38
19	7.48	4.35	9. 5	5.53	19	7. 3	5.25	8.33	9.11	19	6. 7	6. 9	6.53	8. 6
20	7.47	4.36	9.31	7.20	20	7. 2	5.27	8.50	10.35	20	6. 5	6.11	7.12	9.34
21	7.46	4.38	9.53	8.46	21	7. 0	5.29	9. 9	11.59	21	6. 3	6.12	7.33	11.01
22	7.45	4.40	10.12	10. 9	22	6.58	5.30	9.32	—	22	6. 1	6.14	7.59	—
23	7.44	4.41	10.29	11.31					matin					matin
24	7.43	4.43	10.47	—	23	6.56	5.32	10. 0	1.22	23	5.59	6.15	8.33	0.24
				matin	24	6.54	5.34	10.36	2.40	24	5.57	6.17	9.16	1.40
25	7.41	4.44	11. 7	0.52	25	6.52	5.35	11 22	3.49	25	5.55	6.18	10.11	2.44
26	7.40	4.46	11.30	2.13				soir.		26	5.53	6.20	11.15	3.33
27	7.39	4.48	11.59	3.33	26	6.50	5.37	0.19	4.47				soir.	
			soir.		27	6.48	5.38	1.25	5.32	27	5.51	6.21	0.25	4.09
28	7.38	4.49	0.38	4.48	28	6.46	5.40	2.35	6. 6	28	5.48	6.23	1.37	4.37
29	7.37	4.51	1.28	5.54						29	5.46	6.24	2.47	4.58
30	7.35	4.52	2.28	6.48						30	5.44	6.26	3.55	5.15
31	7.34	4.54	3.36	7.30						31	5.42	6.27	5. 2	5.29

AVRIL 1874					MAI 1874					JUIN 1874			
	SOLEIL		LUNE			SOLEIL		LUNE			SOLEIL		LUNE	
Jours du mois.	Lever.	Coucher.	Lever.	Coucher.	Jours du mois.	Lever.	Coucher.	Lever.	Coucher.	Jours du mois.	Lever.	Coucher.	Lever.	Coucher.
	h. m.	h. m.	h. m. soir.	h. m. matin		h. m.	h. m.	h. m. soir.	h. m. matin		h. m.	h. m.	h. m. soir.	h. m. matin
1	5.40	6.29	6. 8	5.42	1	4.42	7.13	7.22	4.31	1	4. 3	7.52	9.51	4.16
2	5.38	6.30	7.15	5.55	2	4.55	7.14	8.34	4.46	2	4. 2	7.53	10.47	5. 4
3	5.36	6.32	8.23	6. 9	3	4.38	7.16	9.47	5. 9	3	4. 2	7.54	11.30	6. 6
4	5.34	6.33	9.33	6.24	4	4.37	7.17	10.57	5.37	4	4. 1	7.55	—	7.20
5	5.32	6.35	10.44	6.42	5	4.35	7.19	11.39	6.16				matin	
6	5.30	6.36	11.56	7. 5	6	4.34	7.20	—	7. 9	5	4. 1	7.56	0. 3	8.40
7	5.28	6.38	—	7.37				matin		6	4. 0	7.57	0.28	10. 1
			matin		7	4.32	7.22	0.49	8.14	7	4. 0	7.57	0.48	11.23
8	5.26	6.39	1. 4	8.20	8	4.31	7.23	1.29	9.30					soir.
9	5.24	6.41	2. 3	9.16	9	4.29	7.24	2. 0	10.52	8	3.59	7.58	1. 5	0.44
10	5.21	6.42	2.51	10.25				soir.		9	3.59	7.59	1.22	2. 6
11	5.19	6.44	3.23	11.44	10	4.28	7.26	2.23	0.15	10	3.59	8. 0	1.39	3.30
				soir.	11	4.26	7.27	2.42	1.38	11	3.58	8. 1	1.58	4.56
12	5.17	6.45	3.56	1. 9	12	4.25	7.29	2.59	3. 2	12	3.58	8. 2	2.21	6.22
13	5.15	6.47	4.18	2.36	13	4.23	7.30	3.16	4.28	13	3.58	8. 2	2.52	7.45
14	5.13	6.48	4.37	4. 4	14	4.22	7.31	3.34	5.55	14	3.58	8. 3	3.33	8.57
15	5.11	6.50	4.55	5.31	15	4.21	7.32	3.55	7.23	15	3.58	8. 3	4.27	9.55
16	5.10	6.51	5.13	6.59	16	4.19	7.34	4.21	8.50	16	3.58	8. 3	5.32	10.37
17	5. 8	6.52	5.32	8.27	17	4.18	7.35	4.57	10.10	17	3.58	8. 4	6.46	11. 8
18	5. 6	6.54	5.56	9.56	18	4.17	7.36	5.45	11.16	18	3.58	8. 4	8. 2	11.31
19	5. 4	6.55	6.27	11.20	19	4.16	7.38	6.45	—	19	3.58	8. 4	9.16	11.49
20	5. 2	6.57	7. 8	—					matin	20	3.58	8. 5	10.26	—
				matin	20	4.14	7.39	7.54	0. 5					matin
21	5. 0	6.58	8. 0	0.31	21	4.13	7.40	9. 7	0.41	21	3.58	8. 5	11.33	0. 4
22	4.58	7. 0	9. 2	1.27	22	4.12	7.41	10.21	1. 8				soir.	
23	4.56	7. 1	10.12	2.10	23	4.11	7.43	11.33	1.28	22	3.58	8. 5	0.40	0.17
24	4.54	7. 3	11.25	2.42				soir.		23	3.59	8. 5	1.47	0.30
			soir.		24	4.10	7.44	0.41	1.44	24	3.59	8. 5	2.55	0.44
25	4.52	7. 4	0.36	3. 5	25	4. 9	7.45	1.47	1.58	25	3.59	8. 5	4. 5	0.59
26	4.51	7. 6	1.45	3.22	26	4. 8	7.46	2.53	2.11	26	4. 0	8. 5	5.17	1.17
27	4.49	7. 7	2.52	3.37	27	4. 7	7.47	4. 0	2.24	27	4. 0	8. 5	6.30	1.41
28	4.47	7. 8	3.59	3.50	28	4. 6	7.48	5.10	2.38	28	4. 1	8. 5	7.39	2.13
29	4.45	7.10	5. 5	4. 3	29	4. 5	7.49	6.22	2.51	29	4. 1	8. 5	8.40	2.57
30	4.44	7.12	6.12	4.16	30	4. 5	7.50	7.34	5.14	30	4. 2	8. 5	9.28	3.55
					31	4. 4	7.51	8.45	3.40					

— 55 —

Jours du mois	JUILLET 1874 SOLEIL Lever.	Coucher.	LUNE Lever.	Coucher.	Jours du mois	AOUT 1874 SOLEIL Lever.	Coucher.	LUNE Lever.	Coucher.	Jours du mois	SEPTEMBRE 1874 SOLEIL Lever.	Coucher.	LUNE Lever.	Coucher.
	h. m.	h. m.	h. m. soir.	h. m. matin		h. m.	h. m.	h. m. soir.	h. m. matin		h. m.	h. m.	h. m. soir.	h. m. matin
1	4. 2	8. 5	10. 4	5. 6	1	4.34	7.37	9.34	8.19	1	5.18	6.41	8.55	11.38 soir.
2	4. 3	8. 4	11.31	6.25	2	4.36	7.35	9.50	9.42	2	5.19	6.39	9.25	1. 2
3	4. 3	8. 4	10.53	7.48	3	4.37	7.34	10. 7	11. 5 soir.	3	5.20	6.37	10. 4	2.21
4	4. 4	8. 4	11.11	9.11	4	4.38	7.32	10.27	0.28	4	5.22	6.35	10.56	3.34
5	4. 5	8. 3	11.28	10.33	5	4.40	7.31	10.52	1.51	5	5.23	6.33		4.28
6	4. 6	8. 3	11.44	11.54 soir.	6	4.41	7.29	11.24	3.13	6	5.25	6.31	matin 0. 0	5.10
7	4. 6	8. 2		1.10	7	4.42	7.28	matin	4.29	7	5.26	6.29	1.12	5.40
8	4. 7	8. 2	matin 0. 1	2.39	8	4.44	7.26	0. 7	5.36	8	5.28	6.27	2.26	6. 3
9	4. 8	8. 1	0.22	4. 3	9	4.45	7.24	1. 3	6.29	9	5.29	6.25	3.39	6.21
10	4. 9	8. 1	0.49	5.25	10	4.47	7.23	7. 7	7.10	10	5.30	6.23	4.50	6.36
11	4.10	8. 0	1.25	6.41	11	4.48	7.21	3.23	7.35	11	5.32	6.20	5.59	6.49
12	4.11	7.59	2.14	7.44	12	4.49	7.19	4.39	7.57	12	5.33	6.18	7. 7	7. 1
13	4.12	7.58	3.15	8.32	13	4.51	7.18	5.53	8.14	13	5.35	6.16	8.14	7.14
14	4.13	7.58	4.26	9. 7	14	4.52	7.16	7. 4	8.28	14	5.36	6.14	9.22	7.29
15	4.14	7.57	5.41	9.32	15	4.54	7.14	8.12	8.41	15	5.37	6.12	10.31	7.46
16	4.15	7.56	6.56	9.52	16	4.55	7.12	9.19	8.54	16	5.39	6.10	11.41	8. 7
17	4.16	7.55	8. 9	10. 9	17	4.56	7.10	10.26	9. 8	17	5.40	6. 8	soir. 0.51	8.35
18	4.17	7.54	9.18	10.23	18	4.58	7. 9	11.34 soir.	9.24	18	5.42	6. 6	1.59	9.14
19	4.18	7.53	10.25	10.36	19	4.59	7. 7	0.43	9.42	19	5.43	6. 3	3. 0	10. 6
20	4.19	7.52	11.33 soir.	10.49	20	5. 1	7. 5	1.54	10. 6	20	5.45	6. 1	3.51	11.12
21	4.20	7.51	0.40	11. 3	21	5. 2	7. 3	3. 6	10.39	21	5.46	5.59	4.30	matin
22	4.22	7.50	1.49	11.19	22	5. 3	7. 1	4.13	11.25	22	5.47	5.57	4.59	0.30
23	4.23	7.49	3. 0	11.40	23	5. 5	6.59	5.11		23	5.49	5.55	5.21	1.55
24	4.24	7.48	4.13		24	5. 6	6.57	5.57	matin 0.25	24	5.50	5.53	5.40	3.22
25	4.25	7.46	5.24	matin 0. 9	25	5. 8	6.55	6.32	1.38	25	5.52	5.51	5.58	4.49
26	4.27	7.45	6.28	0.48	26	5. 9	6.54	6.58	3. 1	26	5.53	5.48	6.15	6.16
27	4.28	7.44	7.22	1.39	27	5.10	6.51	7.20	4.27	27	5.55	5.46	6.34	7.44
28	4.29	7.42	8. 3	2.46	28	5.12	6.49	7.39	5.54	28	5.56	5.44	6.56	9.13
29	4.30	7.41	8.34	4. 5	29	5.13	6.47	7.56	7.21	29	5.58	5.42	7.23	10.42 soir.
30	4.32	7.40	8.58	5.30	30	5.15	6.45	8.13	8.47	30	5.59	5.40	8. 0	0. 7
31	4.33	7.38	9.17	6.55	31	5.16	6.43	8.32	10.13					

	OCTOBRE 1874					NOVEMBRE 1874					DÉCEMBRE 1874			
	SOLEIL		LUNE			SOLEIL		LUNE			SOLEIL		LUNE	
Jours du mois.	Lever.	Coucher.	Lever.	Coucher.	Jours du mois.	Lever.	Coucher.	Lever.	Coucher.	Jours du mois.	Lever.	Coucher.	Lever.	Coucher.
	h. m.	h. m.	h. m.	h. m.		h. m.	h. m.	h. m.	h. m.		h. m.	h. m.	h. m.	h. m.
			soir.	soir.				soir.	soir.				soir.	soir.
1	6. 0	5.38	8.49	1.23	1	6.48	4.38	11.17	2.14	1	7.34	4. 4		1.12
2	6. 2	5.36	9.50	2.25	2	6.50	4.37	—	2.34				matin	
3	6. 3	5.34	11. 1	3.12				matin		2	7.35	4. 4	0.37	1.25
4	6. 5	5.32		3.45	3	6.52	4.35	0.31	2.51	3	7.37	4. 3	1.44	1.38
			matin		4	6.53	4.34	1.41	3. 6	4	7.38	4. 3	2.51	1.54
5	6. 6	5.30	0.15	4. 9	5	6.55	4.33	2.48	3.19	5	7.39	4. 2	3.59	2. 6
6	6. 8	5.28	1.23	4.28	6	6.56	4.31	3.55	3.31	6	7.40	4. 2	5. 8	2.23
7	6. 9	5.26	2.40	4.43	7	6.58	4.29	5. 3	3.44	7	7.41	4. 2	6.18	2.44
8	6.11	5.23	3.49	4.56	8	7. 0	4.28	6.11	3.59	8	7.42	4. 2	7.29	3.13
9	6.12	5.21	4.56	5. 9	9	7. 1	4.26	7.20	4.17	9	7.43	4. 1	8.37	3.52
10	6.14	5.19	6. 3	5.21	10	7. 3	4.25	8.30	4.40	10	7.44	4. 1	9.37	4.44
11	6.15	5.17	7.11	5.35	11	7. 4	4.23	9.40	5.12	11	7.45	4. 1	10.26	5.48
12	6.17	5.15	8.20	5.52	12	7. 6	4.22	10.46	5.55	12	7.46	4. 1	11. 3	7. 1
13	6.18	5.13	9.30	6.12	13	7. 8	4.21	11.43	6.50	13	7.47	4. 1	11.31	8.20
14	6.20	5.11	10.40	6.37				soir.		14	7.48	4. 1	11.53	9.39
15	6.21	5. 9	11.49	7.11	14	7. 9	4.20	0.28	7.56				soir.	
				soir.	15	7.11	4.18	1. 2	9.11	15	7.49	4. 2	0.11	10.58
16	6.23	5. 7	0.52	7.57	16	7.12	4.17	1.27	10.31	16	7.50	4. 2	0.27	
17	6.25	5. 5	1.45	8.57	17	7.14	4.16	1.47	11.52					matin
18	6.26	5. 4	2.27	10. 8	18	7.15	4.15	2. 4		17	7.51	4. 2	0.43	0.17
19	6.28	5. 2	2.59	11.27					matin	18	7.51	4. 2	0.59	1.38
20	6.29	5. 0	3.23		19	7.17	4.14	2.21	1.13	19	7.52	4. 3	1.18	3. 2
				matin	20	7.18	4.13	2.38	2.35	20	7.52	4. 3	1.42	4.28
21	6.31	4.58	3.43	0.50	21	7.20	4.12	2.56	4. 1	21	7.53	4. 4	2.15	5.55
22	6.32	4.56	4. 1	2.14	22	7.21	4.11	3.18	5.30	22	7.53	4. 4	3. 0	6.22
23	6.34	4.54	4.18	3.40	23	7.23	4.10	3.47	7. 1	23	7.54	4. 5	4. 1	8.36
24	6.36	4.52	4.35	5. 7	24	7.24	4. 9	4.26	8.31	24	7.54	4. 5	5.14	9.32
25	6.37	4.51	4.55	6.36	25	7.26	4. 8	5.18	9.52	25	7.55	4. 6	6.33	10.11
26	6.39	4.49	5.20	8. 7	26	7.27	4. 7	6.25	10.56	26	7.55	4. 7	7.53	10.39
27	6.40	4.47	5.54	9.39	27	7.29	4. 6	7.42	11.42	27	7.55	4. 7	9.10	11. 0
28	6.42	4.45	6.39	11. 4					soir.	28	7.56	4. 8	10.21	11.17
				soir.	28	7.30	4. 6	9. 0	0.15	29	7.56	4. 9	11.30	11.31
29	6.43	4.43	7.37	0.15	29	7.31	4. 5	10.16	0.39	30	7.56	4.10	—	11.44
30	6.45	4.42	8.46	1. 8	30	7.33	4. 5	11.28	0.57				matin	
31	6.47	4.40	10. 1	1.47						31	7.56	4.11	0.38	11.57

N° XI.

CALENDRIER OU ÉPHÉMÉRIDES

DES

HOMMES ET ÉVÉNEMENTS

CÉLÈBRES *.

* Le jour où le nom des hommes célèbres est inscrit dans ces *éphémérides*, est le jour de leur mort, celui qui les classe définitivement dans l'estime des hommes. La plupart des éphémérides aujourd'hui ont adopté notre méthode ; et ils ne comptent plus par la naissance, mais par la mort des hommes célèbres. Espérons que les particuliers, de leur côté, finiront par ne plus célébrer la fête de leurs prétendus saints, mais le jour de la naissance. Les noms sont marqués d'un astérisque quand nous n'avons pu découvrir le jour de leur mort. Les noms d'hommes ou d'événements, suivis de trois points d'admiration renversés, sont ainsi notés d'un signe sinistre, ou d'un signe d'infamie jésuitique.

N. B. Ce *Calendrier ou éphémérides des hommes et événements célèbres* a été revu en entier cette année 1874, et augmenté des événements les plus récents de notre histoire, ainsi que du nom des hommes célèbres décédés depuis peu ; il est devenu de la sorte un document indispensable à l'instruction de nos lecteurs et des instituteurs de la jeunesse.

JANVIER.

1 Capitulation de Dantzig violée par les Russes, 1814.
2 Micheli, savant botaniste, 1737. — Feuchères (baronne de), assassin du duc de Condé, 1831. — Victoire du général Faidherbe sur les Prussiens à Béhagnies près Bapaume, 1871. — Lavater, 1801. — Guyton-Morveaux, 1816.
3 Victoire des Français sur les Anglais à Pieros (Espagne), 1809. — Sibour, archevêque de Paris, assassiné par un prêtre, 1857. — Molé (le président), le modèle des magistrats, 1656. — Bombardement de Paris par les Prussiens, 1871. — Victoire du général Faidherbe sur les Prussiens à Bapaume près d'Arras (Pas-de-Calais), 1871.
4 Maréchal de Luxembourg, 1695.
5 Charles le Téméraire, 1477. — Catherine de Médicis, furie papiste sur le trône, 1589. — Attentat de Damiens, le jésuite contre Louis XV, 1757.
6 La cour de Mazarin chassée de Paris, 1649.
7 Édit d'Henri IV expulsant du royaume les jésuites, comme corrupteurs de la jeunesse, perturbateurs du repos public, etc., 1595. — Fénelon, 1715.
8 Galilée, immortel astronome, torturé à l'âge de 70 ans, pour avoir soutenu l'opinion de Copernic, à savoir : que la terre tourne autour du soleil, et non le soleil autour de la terre, ce qui aujourd'hui est admis comme l'expression de la vérité. Cette opinion, à bout de forces, il se vit contraint de l'abjurer, à genoux, un cierge à la main, aux pieds de ses féroces et ignorants inquisiteurs papistes, 1642. — Suppression en France des corporations religieuses, foyers de conspiration, 1812. — Sablières (Mme de la), protectrice de LaFontaine, 1693.
9 Assassinat juridique d'Arena et Topino-Lebrun, 1801. — Fontenelle, 1757. — Mort de Napoléon le petit, 1873 !!!
10 Linnée, 1778. — Latteignant (l'abbé), 1779. — Péronne perd

sa devise (*urbs nescia vinci*) et se rend aux Prussiens après 2 jours de siége, 1871;;;

11 Sœur Marthe, 1815. — Alliance de Murat avec l'Autriche, 1814;;; — Victoire de Chanzy sur les troupes allemandes revenues en force près du Mans (après leur déroute du 21 décembre), 1871 ; mais l'arrivée de troupes fraîches (le tout au nombre de 180,000 hommes) et la poltronnerie de nos mobiles bretons détruisent un aussi beau succès, par la prise inattendue des *Tuilleries*, autrement imprenables.

12 Duc d'Albe, 1582;;; — Victor Noir (funérailles de) assassiné par Pierre Bonaparte, 1870.

13 Victoire navale du vaisseau *les Droits de l'homme* sur les Anglais, 1796. — Suger, 1152. — Sibylle Mérian, 1717. — Ingres, peintre, 1867.

14 Victoire de Bonaparte et Masséna sur les Autrichiens à Rivoli, 1797. — Fra Paolo, 1623. — Mme de Sévigné, 1696. — 2e victoire de Voltaire, pour secourir la famille Sirven acquittée, mais condamnée à la moitié des frais. Cette clause accablante fut biffée : l'État fut condamné à payer la totalité de la somme, 1772.

15 Clément Marot, 1544. — Lenglet-Dufresnoy, 1755.

16 Victoire complète de Soult, à la Corogne, sur les Anglais qu'il poursuivait depuis Madrid l'épée dans les reins, et qu'il refoula dans la mer, 1809. — Patru, avocat libre penseur, 1681.

17 Dagobert, roi des Français, 638. — Vernet (Horace), 1863.

18 Vallisniéri (Ant.), 1730. — Géricault, 1824.

19 Vaucanson, 1782. — Spartacus soulevant les esclaves, 68 ans avant notre ère ". — Chénier (Marie-Joseph), 1811. — Tropmann, assassin de toute la famille Kinck, 1870. — Beau combat du général Faidherbe contre les Prussiens à Saint-Quentin (Aisne), 1871. — Magnifique attaque de Buzenval et Montretout, honteuse saignée donnée par le général Trochu à la garde nationale; il sonne la retraite, après avoir passé sa journée au Mont-Valérien, et recueille, en entrant dans Paris, les mêmes malédictions que Bazaine après sa trahison sous les murs de Metz; Trochu se voit

forcé de donner sa démission de président du gouvernement; et ses collègues n'ont pas la pudeur de lui demander sa démission tout entière : leur sanglante et orléaniste comédie n'était pas encore jouée, et sainte Geneviève de Brabant sauve Trochu de cette marque de flétrissure qui eût sauvé Paris ||| 1871.

20 Anne d'Autriche, épouse de Mazarin, 1666 ||| — Le père Lachaise, directeur jésuite de Louis XIV, 1709 ||| — Garrik, inimitable acteur anglais, 1779. — Le Pelletier de Saint-Fargeau assassiné par un garde du corps, 1793. — Pythagore, 500 ans avant notre ère *. — Howard (John), philanthrope anglais, vanté partout comme réformateur des prisons, ce qui n'a rendu la justice moins barbare ni en Angleterre ni en France, 1790.

21 Exécution de Louis XVI, 1793. — Bernardin de Saint-Pierre, 1814. — Piron, 1773. — 1er jour des trois grandes victoires de l'armée des Vosges remportées par Garibaldi sous les murs de Dijon, 1871 : 25,000 Français manquant de tout contre 70,000 Prussiens et Poméraniens regorgeant de tout.

22 Voyage du Jules Favre, Thiers et autres pour la plus honteuse des capitulations, qui est signée le 28, 1871 ||| — La population de Paris, indignée contre la trahison de Trochu, accourt à l'Hôtel-de-Ville; et là les Bretons de Trochu, cachés dans les caves, se mettent à faire feu; de leur côté, une vingtaine d'agents cachés dans un café ripostent, commandés par un agent bien connu d'émeutes ridicules; aucun de ces agents n'est atteint; seulement une centaine de passants surpris par la fusillade, femmes, enfants et vieillards, tombent foudroyés, 1871 |||

23 Championnet proclame la république à Naples, 1799. — Épicure, 250 ans avant notre ère †.

24 Laubardemont, le *nec plus ultra* des accusateurs publics, 1651 *. — Pitt, ministre anglais, qui ne sut défendre sa cause qu'à l'aide de l'or, 1806. — De Silhouette, 1767. — Chevert (Fr. de), maréchal, 1769.

25 Concordat entre Napoléon et Pie VII, 1813 |||
26 Chappe, inventeur du télégraphe, 1806. — Jenner, 1823.

27 Périclès, 419 ans avant notre ère *. — Servandoni, architecte français, 1766.
28 Charlemagne, 814. — Le czar Pierre le Grand, 1725. — Honteuse capitulation de Paris, malgré Paris, par le seul Jules Favre, 1871 ¡¡¡
29 Victoire de Napoléon à Brienne sur les Prussiens; Blücher s'échappant à travers un jardin, 1814. — Bourbaki (le général) abandonne au général Clinchant le soin de jeter dans la Suisse 80,000 Français sans vivres, sans souliers et sans munitions, par suite du traité d'armistice accepté par Jules Favre, qui les avait oubliés, 1871.
30 Charles Ier d'Angleterre comparaît devant une cour de justice, 1649. — Ducis, 1816.
31 Réunion du comté de Nice à la France, 1793. — Racine le fils, mort, dit Bachaumont, abruti par le vin et la dévotion, 1763. — Rouget de l'Isle, auteur de la *Marseillaise*, 1836.

FÉVRIER.

1 Rabelais, 1553. — Marmont, duc de Raguse, 1832 ¡¡¡
2 Duquesne, le vainqueur du Ruyter, 1668. — Lulli, compositeur, 1687.
3 Wurmser, forcé de capituler devant le général Bonaparte, évacue Mantoue, 1797.
4 La Convention abolit l'esclavage, 1794. — Lope de Véga, 1638.
5 Aristote, 422 avant notre ère *. — Terrible tremblement de terre en Sicile et en Calabre, 1783.
6 Amyot, 1593. — Priestley, persécuté en Angleterre et acclamé membre de la Convention nationale de la République française, mort en Amérique, 1804. — La Rochefoucauld, 1680.
7 Lapeyrouse, 1788. — Arrêt du Parlement, par les sourdes menées des jésuites, qui supprime les deux premiers volumes de l'*Encyclopédie*, 1752 ¡¡¡ — Pélisson, 1693.

8 Élection de l'Assemblée nationale, légitimiste, orléaniste et soi-disant républicaine, mais à peu près muette; elle a fait la paix avec les Prussiens; mais à quel prix! 5 milliards d'indemnité, la cession de l'Alsace et d'une partie de la Lorraine, et l'occupation d'une partie de la France jusqu'à entier payement, et cela pour payer la faute d'un idiot d'empereur et de ses généraux d'antichambre, 1871 ¡¡¡
— Victoire de Napoléon sur les Russes à Eylau, 1807. — Lekain, 1778. — Spallanzani (Lazare), 1799.

9 Victoire de Napoléon sur les Russes à la Ferté-sous-Jouarre, 1814. — Exécution de Charles Ier, roi d'Angleterre, 1649. — Agnès Sorel, 1450. — Chancelier d'Aguesseau, 1751. — La Condamine, savant mort en libre penseur, 1774. — Lebrun, peintre, 1690.

10 Victoire de Napoléon sur les Russes à Champaubert, 1814.

11 Victoire de Napoléon sur les Russes à Montmirail, 1814. — Descartes, 1650. — Galland, auteur des *Mille et une nuits*, 1715. — Partage de la Pologne entre trois souverains de l'Europe, le roi de Prusse, le czar de Russie et l'empereur d'Allemagne. Car en Europe les peuples sont la propriété des rois, 1797 ¡¡¡ — Laharpe (J.-F. de), poëte et critique, 1803.

12 Victoire de Napoléon sur les alliés à Château-Thierry, 1814. — Amédée (Ferdinand-Marie) abdique volontairement la couronne d'Espagne. Excellent exemple donné à tous les prétendants massacreurs de leurs prétendus sujets, 1873.

13 Assassinat politique du duc de Berry, 1820. — Assassinat juridique de Plaignier et Carboneau, 1815. — Démission dédaigneuse et fière de G. Garibaldi, représentant de trois départements français; avec une poignée de braves de tous pays, il les a protégés contre les insultes des Prussiens, qu'il a partout mis en fuite; et cela sans jamais avoir été secouru à temps par le gouvernement français d'alors; pendant que nos armées étaient livrées tout entières par leurs lâches généraux commandant à Sedan (85,000), à Metz (153,000), et à Porentruy (80,000 perdus de vue par Jules Favre). Honneur à Garibaldi! honte aux ingrats!

Dôle, Dijon et Autun le couvrent de bénédictions. Sa gloire (et celle-là peut se vanter d'être désintéressée), sa gloire a acquis le droit de fouler aux pieds les malédictions cléricales, 1871!!!

14 Victoire de Napoléon sur les Prussiens à Vauxchamps, 1814. — Capitaine Cook, 1779.
15 République à Rome, 1798.
16 Victoire de Bonaparte sur les Autrichiens au Tagliamento, 1797. — Fléchier, 1710. — Tartini, célèbre compositeur et violoniste, 1770.
17 Victoire de Ney sur les Austro-Russes à Nangis, 1814. — Molière, 1673. — Michel-Ange Buonarotti, 1564. — Thiers, président de la république, 1871.
18 Victoire de Napoléon sur les Autrichiens à Montereau, 1814. — Luther, 1546. — Marie Stuart, 1564. — Balzac (J.-Louis-Guy de), 1654.
19 Bourdaloue, orateur, 1704. — Victoire des Français sur les Espagnols à Gébora (Espagne), 1811. — Escousse et Lebras, 1832.
20 Tobie Mayer, astronome, 1762. — L'abbé de l'Épée, 1792. — Young (Arthur), agronome, 1820. — Scribe, auteur dramatique, 1861. — Mairan (de), savant aimable et mort en libre penseur, 1771. — Visite de la reine d'Angleterre, Victoria, auprès de la dame Montijo à Chislehurst, et au tombeau de ....., 1873.
21 Héroïque défense de Saragosse par ses habitants, 1809. — Attila, 454 ★.
22 Le général Boyer culbute les Prussiens et empêche leur jonction avec les Autrichiens, sous les murs de Troyes 1814. — Ruysch, anatomiste, 1731. — Coustou (G.), statuaire, 1746.
23 Bonaparte est nommé général en chef de l'armée d'Italie, 1796.
24 Glorieux combat naval des Français contre les Anglais dans la rade des Sables, 1809. — Stofflet, chef vendéen, 1796. — Guttemberg (mieux Gutenberg), un des inventeurs de l'imprimerie, 1468. — Signature honteuse du traité de paix par

Jules Favre, Thiers et autres partisans de la paix à tout prix, avec Bismark, 1871 ¡ | |
25 Catinat, 1712. — Charlet, dessinateur, 1846. — Proclamation de la république à Paris, 1848.
26 Départ de l'île d'Elbe, 1815.
27 Pestalozzi, 1827. — Lamennais, 1854.
28 Exécution de l'odieuse reine Brunehaut, 613 ¡

MARS.

1 Napoléon débarque au golfe Juan, 1815. — Olivier de Serres, 1619. — Déchéance du fils de la reine Hortense, frère utérin de Morny, se donnant le titre usurpé de Napoléon III, prononcée par l'Assemblée de Bordeaux, 1871.
2 Prise d'assaut de Fribourg par les Français en 1798. — Guillaume Tell, 1354. — Pothier le jurisconsulte, 1772. — Nicolas Iᵉʳ, czar, empoisonné après la prise de Sébastopol, 1855.
3 Glorieuse capitulation de Corfou, défendu pendant quatre mois par 800 Français contre 20,000 Russes, Turcs et Albanais, 1799. — Viotti, célèbre violoniste et délicieux compositeur, 1824. — P. Fr. Van Meenen, président de la Cour de cassation en Belgique, mort en libre penseur, 1855. — Algarotti, célèbre littérateur italien, 1764.
4 Manuel est expulsé violemment de la Chambre des députés, pour avoir dit à la tribune que les Bourbons avaient été reçus en France avec répugnance, 1823; ce que, sept ans après, la France entière confirma par leur expulsion définitive. — Sultan Saladin, 1293. — Champollion, 1832.
5 Prise du trois-ponts anglais *le Berwick* par la frégate française *l'Alceste*, 1796. — Défaite des Anglo-Espagnols à Chiclana (Espagne), 1811. — Belloy (P.-L. Burette de), auteur du *Siège de Calais*, 1775. — Mobiles de la France congédiés, et très-justement pour le plus grand nombre, 1871. — Condillac, philosophe français, 1780.

6 Laplace, astronome, 1827. — Dufour, général en chef de la Confédération Suisse, vainqueur du Sunderbund, 1866.
7 Victoire de Napoléon sur les alliés à Craonne, 1814.
8 Sapho réhabilitée, 650 avant notre ère ★.
9 Défaite des Anglais par les Français à Berg-op-Zoom, 1814. — Victoire de Napoléon sur les alliés à Laon, 1814. — Assassinat juridique de l'infortuné Calas, 1762 ¡¡¡ — Mazarin, qui fut roi de France, 1661 ¡¡¡ date officielle. D'après Guy Patin, il mourut le 7 mars. — Mariage de Bonaparte avec la veuve du général Beauharnais, née Tascher de la Pagerie, 1796.
10 De Lannoy, grand dénicheur de prétendus saints, 1678.
11 Ordre d'arrêter les Templiers pour le 13, 1307.
12 Aristogiton, 413 avant notre ère ★. — Marivaux, père du *marivaudage*, 1763. — Mazzini, grand patriote de l'Italie, 1872.
13 Boileau Despréaux, 1711. — Michel de l'Hospital, 1573. — Empire français, 1804 ¡¡¡
14 Bataille d'Ivry, 1590. — Exécution de l'amiral anglais Byng, pour s'être laissé battre devant Mahon par le lieutenant général La Galisonnière, 1757. — Saint-Priest, émigré français au service de la Russie, est tué dans la défaite des Russes à Reims, 1814 ¡¡¡ — Montalembert, orateur français, 1870.
15 César (Jules), assassiné comme tyran, par Cassius et Brutus, 44. — Conspiration d'Amboise, 1559. — Thémistocle, 170 avant notre ère ★. —
16 Ésope, 560 avant notre ère ★. — Ossian, 200 ★. — Bramante (Le), grand architecte de Rome, 1514.
17 Marc-Aurèle, philosophe sur le trône des Césars, 180.
18 Abdication de Charles IV, roi d'Espagne, 1808 ¡¡¡ — Proclamation de la Commune de Paris; fuite de l'Assemblée à Versailles, œuvre occulte du jésuitisme, le fléau de la France, 1871. — Molai (Jacques de), grand-maître des Templiers, brûlé vif par suite des calomnies du roi de France, le féroce et avare Philippe le Bel, 1314.
19 Louis XVIII s'enfuit incognito de Paris, 1815. — Les généraux Clément Thomas et Lecomte fusillés à l'instant où ils se préparaient à ordonner l'attaque de Montmartre, 1871.

4.

Rentrée triomphale de Napoléon dans Paris, 1815. — Victoire d'Héliopolis (10,000 Français contre 80,000 Turcs), 1800. — Newton, 1727. — Lecouvreur (Adrienne), enterrée, par la rage du clergé, au coin de la rue de Bourgogne, 1730, et le maréchal de Saxe, son ami et obligé, a permis cette infamie !!! — Réunion à Versailles de l'Assemblée nationale (dite des ruraux), 1871. — Turgot, 1781.

21 Assassinat juridique du duc d'Enghien par les machinations de Talleyrand, 1804.

22 Première apparition du choléra à Paris, 1832. — Gœthe, auteur de *Faust*, 1832.

23 Entrée des Français à Madrid, 1808.

24 Vayringe, mécanicien, 1746.

25 Platon, 318 avant notre ère*.

26 Preter (J.-B. de), le médecin le plus désintéressé, le plus ami des pauvres et le plus dévoué à la propagation du système Raspail, mort à Uccle-les-Bruxelles, regretté de tous hors ses parents, 1872.

27 Marguerite de Valois, 1615. — Loi du milliard en faveur des émigrés, 1815 !!! — Callot, célèbre graveur-dessinateur, 1635. — Condorcet, grand et libre penseur, 1794. — Ducoux, ancien député et préfet de police, mort en libre penseur, et tout de même enterré par les prêtres, 1873.

28 Beethoven, 1827.

29 Gustave, roi de Suède, 1792.

30 Bataille de Paris, bravoure des citoyens, trahison et lâcheté des parvenus, 1814 !!! — Vêpres siciliennes, 1228. — Bridaine (Jacques), illustre missionnaire par tous les moyens, même les arlequinades, 1767.

31 Capitulation de Paris, organisée depuis longtemps par les pères de la foi (jésuites), à l'aide des membres de la société occulte de Saint-Vincent-de-Paul, qui prenaient alors le nom de *verdets*, 1814 !!! — François Ier, 1547. — Insurrection des chiffonniers à Paris, 1832. — Le jury de la Seine déclare que le général Trochu n'a pas été diffamé pour ses actes (dans le cours de sa défense nationale !!!) mais seulement outragé, 1872.

AVRIL.

1 Prisonniers politiques assassinés à Sainte-Pélagie par une escouade de sergents de ville, 1832.
2 Mirabeau, 1791. — Mariage de Napoléon avec Marie-Louise d'Autriche, 1810 ¡¡¡ — Le Monnier (Pierre-Charles), astronome français, 1799.
3 Élisabeth, reine d'Angleterre, 1603. — Murillo, peintre espagnol, rival de Raphaël, 1682.
4 Masséna, surnommé l'*Enfant chéri de la victoire*, 1817. — Lalande, astronome, 1807. — Léotade (Louis-Bonafous), frère ignorantin, condamné aux travaux forcés pour viol et assassinat d'une jeune fille, 1848. — Delamontagne (le Docteur E.), médecin à Frontenay-Rohan-Rohan (Deux-Sèvres), mort d'une mort suspecte, pour avoir été dévoué au système Raspail ; il fut bon envers les pauvres (Voyez *Revue complémentaire*, t. I, p. 357, 1855).
5 Danton et Camille Desmoulins, 1794. — Dumouriez passant à l'ennemi en emportant la caisse de l'armée, de concert avec le jeune duc de Chartres, plus tard Louis-Philippe, 1793 ¡¡¡
6 Épictète, 2e siècle*. — Pichegru, 1804. — Création du comité de salut public, 1793. — Arrestation de l'archevêque Darboy par la Commune (ou plutôt par les jésuites, comme excommunié par le pape; voir son oraison funèbre par l'archevêque Guibert, son successeur), 1871. — Laure (la Belle), morte du choléra, le même jour et à la même heure où Pétrarque l'avait remarquée la première fois, 1347.
7 Prise de Mons par les Français, 1691. — Raphaël d'Urbin, 1520. — Colardeau (Ch.-P.), 1776.
8 Seconde coalition de toute l'Europe contre la France, 1799.
9 Première victoire de Bonaparte sur les Autrichiens à Montenotte, 1796. — Capitulation, à la Pallu, du duc d'Angoulême, qui jure de ne jamais rentrer en France et de faire

rendre les diamants de la couronne emportés par Louis XVIII, 1815. — Courier (Paul-Louis), savant spirituel, assassiné par son domestique sur l'ordre des jésuites. Sa femme se réfugia en Suisse, pour échapper à la honte d'une telle complicité, 1825. — Necker, 1804. — Morny (duc de), enfant naturel de la reine Hortense, et frère utérin de Louis Napoléon, 1865¡¡¡

10. Victoire des Français (22,000) contre 80,000 Anglais et Espagnols commandés par Wellington, 1815. — Insurrection de Lyon, 1834. — Bacon de Vérulam, 1626. — Gabrielle d'Estrée, empoisonnée, 1599. — Lagrange, illustre géomètre, 1813.

11. Première abdication de Napoléon, 1814. — Victoire de Cassel, 1677. — Messier, astronome, 1817.

12. Édit de Nantes en faveur de la religion réformée, 1508. — Lafontaine (Jean de), 1695.

13. Bossuet, 1704. — Cousin (Jean), peintre et statuaire, 1590. — Rohan (Henri de), 1638.

14. Pompadour (marquise de), 1764¡¡¡ — Victoire de Bonaparte sur les Autrichiens à Millésimo, 1796. — Attaques infructueuses de Nelson, avec toute la flotte anglaise, contre la flottille de Boulogne, 1804. — Massacre de femmes, vieillards et enfants à la rue Transnonain, exploit militaire de Thiers et Bugeaud, 1834. — Lâche assassinat, par les partisans de l'esclavage, de l'immortel Abraham Lincoln, président des États-Unis, ainsi que de son ministre Sewart, 1865¡¡¡ — Dorian, maire de Saint-Étienne, député et membre du gouvernement provisoire du 4 septembre, 1870. Le seul homme digne de cette organisation, et qui a fourni des armes et munitions, de manière à mettre en fuite les Prussiens des environs de Paris, si la France et Paris avaient eu pour se défendre d'autres gens que le dévot Trochu et l'avocasserie de son entourage. Dorian est mort en libre penseur, 1873.

15. Le Tasse, 1592. — Lucile, infortunée épouse de Camille Desmoulins, 1794. — Mme de Maintenon, veuve de Scarron et de Louis XIV, 1719.

16 Coysevox, sculpteur français, 1720. — Morny, frère utérin de Napoléon dit III; s'entend avec Jecker pour déclarer la guerre au Mexique, guerre de vol et de brigandage à laquelle la grande voix de l'Amérique du Nord mit fin, 1862-1866. — Buffon, 1788. — Victoire de Bonaparte à Mont-Thabor, 1799.

17 Reconnaissance de la République d'Haïti par la France, 1825. — Franklin, 1790. — Cooper (Fenimore), 1851.

18 Holocauste humain : Urbain Grandier, curé de Loudun, 1634. — Victoire des Français sur les Autrichiens à Neuwied, 1797. — Liebig, chimiste prussien, 1873.

19 Christine, reine de Suède, 1689¡¡¡ — Mélanchthon, 1560. — Byron (G.-G. lord), 1824.

20 Kant l'incompréhensible, 1804. — Sacrilége loi contre le sacrilége, 1825¡¡¡ — Adam, charmant compositeur français, 1856.

21 Victoire des Français sur les Autrichiens, et prise pour la quatrième fois de Landshut, 1809. — Abailard, 1142. — Lahire, mathématicien et astronome Français, 1718.

22 Victoire de Bonaparte à Mondovi, 1796. — Racine, 1699. — Départ des républicains français envoyés par le jésuite Cavaignac contre la République de Rome, 1849¡¡¡

23 Cervantès, auteur de *Don Quichotte*, 1616. — Shakespeare, 1616. — Premières bouffées de l'éruption du Vésuve; 200 cadavres engloutis dans les laves; 160,000 habitants forcés de fuir à la hâte à Naples, Capoue et Castellamare, 1872.

24 Caton d'Utique, 48 avant notre ère*. — Fédération des Bretons pour la défense du territoire, 1814. — Ancre (maréchal d'), *Concini*, assassiné, 1617.

25 David Téniers, 1690. — Mercier (L. S.), 1814.

26 Diane de Poitiers, 1556. — Ruyter, 1676. — Victoire de Duquesne sur Ruyter en face de Messine, 1676.

27 Jean Bart, la terreur des marins anglais, 1702.

28 Assassinat des plénipotentiaires français par les Autrichiens, 1799. — Bachaumont (de), auteur des *Mémoires secrets*, narrateur p'ein de goût; inséparable de la bonne Mme Doublet, mort comme elle en libre penseur, 1771.

29 Victoire des Français sur les Espagnols à Caldiera, 1809.
30 Holocauste humain : le curé Gaufridi brûlé comme sorcier, 1611. — Barthélemy (l'abbé), auteur du *Voyage d'Anacharsis*, 1795. — Marigny (Enguerrand de), pendu à Montfaucon sur l'ordre du féroce et avare Philippe le Bel, 1315. — Bayard, mort au champ de bataille, sur la Sésia, à Romagnano, près de Novarre (Italie), 1524.

MAI.

1 Victoire de Bonaparte sur l'Europe coalisée à Lutzen; mort de Bessières, 1813. — Le diacre Pâris, 1727. — Delille (Jacques), 1813.
2 Inauguration des grands chemins de fer en France, 1843. — Meyerbeer, compositeur, 1864. — Maladie des pommes de terre et autres végétaux par l'influence de l'établissement des chemins de fer, 1843.
3 Benoît XIV, pape philosophe, 1758. — Confucius, 550 avant notre ère*.
4 Assassinat juridique du capitaine Vallée, 1822. — Assassinat juridique de Didier à Grenoble, 1816. — Aldrovande, savant naturaliste, mort à l'hôpital, après avoir donné son musée à son pays, 1605.
5 Napoléon meurt à Sainte-Hélène, lentement empoisonné par la haine anglaise, 1821;;; — Ouverture des états généraux à Versailles, 1789. — Humboldt (Alexandre), Prussien exploitant le gouvernement français, pour l'impression et le placement de ses voyages, 1858.
6 Sac de Rome par Charles-Quint, 1527. — Prise de Maëstricht sur les Anglais et Hollandais par les Français, 1748. — Jansenius (C.), évêque d'Ypres, contre les partisans duquel n'ont cessé de s'acharner les bouledogues du jésuitisme, 1638. — Niepce, pour lequel Daguerre, protégé par Arago, a été un Améric Vespuce, 1851. — Cavaignac, faux républicain pour le compte des jésuites, 1857;;;

7 Louvel, 1820. — De Thou, grand historien, 1617.
8 Arrêt du parlement qui condamne la société de Jésus à restituer aux sieurs Léoncy frères et Gouffre, négociants à Marseille, la somme de 1 million 502,276 livres 2 sous et 1 denier, que le jésuite provincial Lavalette leur avait escroquée, et en outre à 50,000 livres de dommages et intérêts, 1761. — Lavoisier, 1794. — Dumont d'Urville dans l'affreuse catastrophe du chemin de fer de Versailles, 1842.
9 Assassinat juridique de Lally-Tollendal, 1766 ¡¡¡ réhabilité plus tard par les soins de Voltaire.
10 Victoire de Bonaparte au pont de Lodi, 1796. — Assassinat juridique du maréchal de Marillac, 1632. — Labruyère, 1696. — Louis XV, 1774.
11 Henri Estienne, mort à l'hôpital, ruiné et proscrit par les prêtres de son temps, 1598 ¡¡¡ — Entrée des Français dans Milan, 1796. — Maury (J.-S.), qui s'éleva simple abbé et tomba cardinal, 1817.
12 Journée des barricades, 1588. — Auber, charmant compositeur, 1871.
13 Vienne occupée pour la seconde fois par les Français, 1809. — Barneveldt, 1619.
14 Henri IV, assassiné par les jésuites qu'il avait eu le tort de rappeler, en cédant aux obsessions de son indigne épouse Marie de Médicis, leur complice, 1610. — Chaussée (De la), auteur de drames goûtés du public, 1754. — Restaut, le grammairien, 1764. — Casimir Périer, 1832.
15 Première déception de la deuxième République française les jésuites s'essayant à la perte de l'institution à laquelle ils avaient tous prêté de chaleureux serments, et préludant à la Saint-Barthélemy de juin, 1848.
16 Les Alpes franchies par les Français dans le dénûment le plus complet, 1800. — Plutarque sous Domitien *.
17 Héloïse, épouse d'Abailard, 1164. — A. C. Clairaut, géomètre, 1765. — États romains annexés d'un trait de plume à la France, 1803. — Maréchal Fabert, 1662. — Dupuytren grand chirurgien, 1835.

18 Alcée, poëte lyrique, 604 avant notre ère.
19 Expédition de Bonaparte en Égypte, 1798. — Alcuin, 804. — Beaumarchais, auteur du *Mariage de Figaro*, 1799.
20 Colomb (Christophe), qui découvrit un nouveau monde et mourut presque dans les fers : c'est ainsi que la royauté paye les services du génie, 1506. — Lafayette, 1834. — Prise de Dantzig par les Français, 1813.
21 Victoire de Napoléon sur l'Europe coalisée à Bautzen, 1813. — Duroc, 1813. — Rentrée des Versaillais à Paris, et commencement du massacre des innocents et des incendies coupables, mais commis par qui? 1871.
22 Victoire de Napoléon sur les Autrichiens, à Essling; mort de Lannes, 1809. — Constantin, flétri par l'histoire et canonisé par l'Église, 337. — Saigey (Jacques), 1871 (Voyez mon almanach météorologique de 1872, page 171).
23 Holocauste humain : Savonarole brûlé vif, 1498 ¡¡¡ — Prise de Dantzig par le maréchal Lefèvre, 1807. — Le 23 mai, les officiers pointeurs de Versailles ont pris le Val-de-Grâce pour le Panthéon, et l'ont, dit-on, criblé d'obus, 1871.
24 Les Anglais s'emparant par trahison, et avec leur or, de la Pucelle d'Orléans qu'ils n'avaient jamais pu vaincre par les armes, 1430 ¡¡¡ — Perfidie du commodore Sidney-Smith envers Desaix à l'occasion du traité d'*El-Arich*, 1800. — Copernic, grand astronome, traité d'hérétique par les papes pour avoir dit que la *terre* tourne autour du *soleil*, 1543. — Hahnmann, auteur d'un système de médecine, 1843. — Guépin (le docteur), à Nantes, meurt en libre penseur, 1873. — Chute de Thiers, président de la République. —. Thiers donne sa démission de président de la République, ainsi que son ministère, devant une majorité de 26 voix, et Mac-Mahon est nommé à sa place, 1873.
25 Cardinal d'Amboise, 1510. — Babeuf, 1797 ¡¡¡ — Delescluze, homme intègre et de souffrance, qui, se reconnaissant victime d'une erreur, couronna sa longue vie par l'héroïsme de sa mort, 1871.
26 Charles Estienne, mort dans la prison pour dettes, ruiné par la Sorbonne, 1564. — Guillotin, inventeur de la guillo-

tine, 1814 ¡¡¡ — Millière, député et étranger aux actes de la Commune, est assassiné, sur la place du Panthéon, par l'ordre du capitaine Garcin, 1871 ¡¡¡ — Mme veuve Millière intente une action civile contre le capitaine Garcin, le 18 février 1873. On remarque le lendemain que, d'après l'*Officiel*, le capitaine est promu au grade de chef d'escadron. La demande de la pauvre veuve de l'innocent assassiné arrive devant le tribunal de Versailles le 30 juillet 1873. Le 7 août suivant, le tribunal se déclare incompétent.

27 Exécution de Ravaillac, séide des jésuites, 1610. — Catherine Ire, impératrice de Russie, suspectée d'avoir tué son époux, Pierre le Grand, 1727.

28 Bernard de Menton, 1008. — Grégoire, évêque constitutionnel, 1831. — Archevêque Darboy, Bonjean, dominicains, tous excommuniés par le pape et par les jésuites, 1871. (Voyez l'*oraison funèbre* de Darboy par son successeur, l'archevêque Guibert). — Calvin, pape des calvinistes, 1564.

29 Impératrice Joséphine, empoisonnée par la réaction occulte, 1814. — Christophe Ier, roi de Danemark, empoisonné par son évêque, 1259.

30 Rubens, 1640. — Voltaire, victime de sa confiance en son indigne nièce et son plus indigne obligé, le marquis de Villette (Voir la *Revue complémentaire des sciences*, t. III, p. 127, et l'*Almanach météorologique* de 1867), 1778. — Pope, illustre poëte anglais, traducteur de l'*Iliade*, 1744.

31 Holocauste humain : Jeanne d'Arc immolée par la perfidie du haut clergé et surtout de l'archevêque de Beauvais, l'indigne Pierre Cauchon, à la rancune des Anglais, 1431. — Haydn, profond compositeur, 1809.

JUIN.

1 Holocauste humain : Jérôme de Prague brûlé vif par le clergé catholique, 1416. — Sublime dévouement du vaisseau *le Vengeur*, 1794.

— 74 —

2 Lallemand assassiné par un soldat royal, 1820.
3 Première victoire de Turenne à Rottweil, 1644. — Socrate, 399 avant notre ère*. — Chernbini, compositeur, 1842. — Ratazzi, ministre italien, qui a racheté l'ingratitude de son roi envers Garibaldi, en mourant libre penseur, 1873.
4 Le général Lamarque; formidable insurrection de Paris, provoquée par le jésuite G. Cavaignac et sa bande qui s'éclipsèrent à Versailles pendant que des malheureux abusés se faisaient héroïquement massacrer au cloître Saint-Merry ¡¡¡ 1832. — Victoire de Kléber à Altenkirchen, 1796. — Belsunce, 1755. — Bataille de Magenta (Lombardie), pendant laquelle notre héros du 2 décembre 1851, blotti sous le toit d'un grenier pour voir de loin les actes de courage de nos soldats, faillit être pris par l'ennemi et ne fut sauvé de ses mains que par l'admirable dévouement d'un régiment, qui se sacrifia en volant à son secours, pour ne pas laisser un si triste drapeau à l'ennemi de la France, 1859 ¡¡¡
5 Première ascension des montgolfières à Annonay (Ardèche), 1783. — Weber, compositeur, 1826.
6 Victoire navale de l'amiral français d'Estaing sur l'amiral anglais Byron, 1779. — Siége du cloître Saint-Merry, 1832 ¡¡¡ pendant que Judas G. Cavaignac se promenait sous nos fenêtres de la prison de Versailles. — Mlle de La Vallière, 1710.
7 Fête de l'Être suprême, 1794. — Arius, évêque empoisonné par les fanatiques du temps, au moment où, suivi de la foule des évêques et des chrétiens attachés à ses doctrines, il se rendait en triomphe à son église, 336*.
8 Mahomet, 632. — Kouli-Kan, 1747. — Émeutes et assassinats juridiques à Lyon, 1817.
9 Victoire navale des Français, sous les ordres de La Galissonnière, sur les Anglais, sous les ordres de l'amiral Byng, devant Mahon, 1756. — Victoire de Lannes sur les Autrichiens à Montebello, 1800.
10 Prise de Malte par Bonaparte et abolition de l'ordre, 1798.
11 Excommunication ridicule de Napoléon par Pie VII, son pri-

sonnier, 1809. — Dumarsais, 1756. — L'*Emile* de J.-J. Rousseau brûlé par la main du bourreau, à Paris, 1762 ¡¡¡

12 Victoire décisive de Napoléon à Friedland, 1807.
13 Kléber, assassiné, 1799. — Panard, le père du vaudeville, 1765.
14 Victoire de Bonaparte, premier consul, sur les Autrichiens à Marengo ; mort de Desaix sur le champ de bataille, 1799.
15 Las Casas, 1566*.
16 Victoire décisive de Napoléon et déroute complète des Prussiens à Fleurus ; 59,000 Français contre 80,000 Prussiens, 1815.
17 Victoire de la Trebbia, 1799. — Gresset, auteur du *Vert-Vert*, 1777. — Crébillon, le tragique, 1762.
18 Waterloo, 1815 ¡¡¡ Wellington sauvé d'une ruine complète, à la faveur de la trahison organisée par l'association occulte des pères de la foi (jésuites) dans l'état-major français (l'or des Anglais n'est pas une chimère). — Victoire de Jeanne d'Arc sur les meilleurs capitaines anglais à Patay, 1429. — Assassinat juridique du savant Romme, 1795. — Lord Raglan, général en chef de l'armée anglaise, meurt dans son lit, au siège de Sébastopol ; obstacle plutôt qu'auxiliaire de l'armée française, 1855. — Gall (Dr), fondateur de la *Cranioscopie*, 1828.
19 Victoire de Moreau sur les Autrichiens à Hochstedt, 1800. — Brousses (député de l'Aube), meurt en libre penseur, après avoir laissé sa fortune et son château aux pauvres de son pays. A son enterrement civil, la troupe, sur l'ordre de son commandant, le bureau de l'assemblée et ses huissiers se sont retirés. On a entendu son ombre murmurer, en leur pardonnant, ces paroles prophétiques : *Protestants, israélites, mahométans, et vous tous braves hérétiques, attendez-vous aux mêmes marques de respect envers les morts*, 1873 !!!¡¡¡
20 Serment du jeu de paume, 1789 !!! — Vicq d'Azyr, anatomiste et physiologiste, 1794.

21 Arrestation de Louis XVI et sa famille à Varennes, 1791. — Quiberon; les émigrés abandonnés par le comte d'Artois, plus tard Charles X, et par les Anglais, 1795. — Jean Liébaut, un des deux auteurs de la *Maison rustique*, mort dans la misère et, d'après le *journal de l'Estoile*, sur le coin de la borne de la rue Gervais-Laurent, 1596.

22 Charles le Téméraire, vaincu à Morat par une poignée de Suisses, 1476. — Machiavel, 1517.

23 Jours néfastes de la deuxième République française; nouvelle Saint-Barthélemy, nombre d'or des férocités jésuitiques, 1848. — Garnier-Pagès le Ier (ne confondez pas avec celui des 45 centimes et qui a pris part à ce massacre), 1841.

24 Passage du Niémen par la grande armée, 1812. — Peiresc, savant universel, 1637.

25 Armand Carrel, 1836. — Défaite des Anglais et Espagnols à Tolosa, 1813. — Georges Cadoudal. 1804.

26 Massacres atroces des libéraux par les royalistes de Marseille, 1815. — Victoire de l'armée républicaine sur les Prussiens à Fleurus, 1794.

27 Tourville détruit la flotte anglaise et hollandaise près du cap Saint-Vincent, 1693. — La Tour d'Auvergne, surnommé le *premier grenadier français*, 1800. — Linguet, orateur et écrivain, victime du despotisme, 1794. — Prise de Wilna, 1812. — Réunion des trois ordres à l'Assemblée nationale, 1789. — Chaulieu, poëte épicurien, 1720. — Marlborough, foudre de guerre anglais, mort imbécile, 1722. — Rotrou, père de la tragédie, mort victime de son dévouement en temps de peste, 1650. — Chateaubriand, auteur du *Génie du Christianisme* et d'*Atala*, 1848.

28 Les Français s'emparent de Tarragone (Espagne), 1811.

29 Napoléon quitte Paris pour la dernière fois, 1815.

30 Henriette d'Angleterre, empoisonnée par les mignons de son époux, le duc d'Anjou, 1670. — Gros, peintre d'histoire, 1835.

JUILLET.

1 Plantin (Christophe), imprimeur à Anvers, 1589. — Première victoire des Français à Fleurus sur les Anglais et Allemands, 1690. — Barre (chevalier de la), torturé et brûlé vif, avec son ami le fils du président d'Étallonde, à l'âge de 17 et 18 ans, comme coupable d'avoir jeté une boulette de mie de pain au nez d'un magot de sainte Vierge en plâtre, pour complaire à la férocité catholique de l'évêque d'Abbeville¡¡¡ 1766. — Cathelineau le grandpère, 1793. — Abdication de Louis, roi de Hollande, 1810.

2 Victoire des Français sur les Anglais et Hollandais à Lawfeldt (50,000 Français contre 80,000 alliés), 1747. — Naufrage de *la Méduse*, 1816. — Olivier de Serres, 1619.

3 Rousseau (J.-J.), assassiné d'un coup de marteau ou autre instrument contondant. Son masque en plâtre, par Houdon, que je possède, en offre la preuve évidente : un coup de pistolet ne produit rien d'analogue à la perforation dont on voit la trace au milieu du front. D'après le rapport de Houdon, la profondeur de cette perforation ne s'étendait pas très-loin ; il lui fallut employer une assez forte masse de coton pour la combler et l'effacer én partie pour le moulage, 1778. — Victoire des Français sur les Autrichiens à Wagram, 1807. — Marie de Médicis, répudiée par son fils comme ayant été la complice de la mort d'Henri IV, 1613. — Victoire des Prussiens sur l'impéritie du général autrichien, à Sadowa, 1866.

4 Jefferson, président des États-Unis, 1806. — Barberousse, roi d'Alger, 1546. — Prise d'Alexandrie par Bonaparte, 1798.

5 Prise d'Alger par les Français, 1830.

6 Victoire navale des Français en face d'Algésiras : six vaisseaux anglais et une frégate mis en déroute par trois vaisseaux français, sous les ordres de l'amiral Linois. Le même jour, le vaisseau français *le Formidable*, aux prises

avec trois vaisseaux anglais, en met un en fuite et en ramène deux triomphalement à Cadix, 1801. — Huss (Jean), condamné à Constance, par les pères indignés du concile catholique de Constance, 1415¡¡¡ — More (Thomas), auteur de l'*Utopie* et mort victime du tueur anglais Henri VIII, 1535. — Entrée triomphale du shah (empereur) de Perse, Nasser-ed-Din, à Paris, 1873 ; et pas une bouchée de pain aux pauvres qui meurent de faim.

7 Traité du Tilsitt, 1811. — Entrée des alliés à Paris, à la faveur de la trahison organisée par les pères de la foi (jésuites) parmi les royalistes, 1815.

8 Bataille de Pultava, 1709. — Huygens, savant astronome, 1695.

9 Brutus et Cassius, 42 avant notre ère*. — Mézeray, historien, 1683.

10 René, roi de Provence, 1480. — Henri II, roi de France tué, dans un tournois, par Montgomery, à la grande satisfaction de Catherine de Médicis, 1559. Plus tard (1574), Montgomery eut la tête tranchée pour trahison.

11 Anacréon, 467 ans avant notre ère*.

12 Gerson (Jean Charlier, dit), défenseur des libertés gallicanes, mais féroce brûleur du noble défenseur de sa foi Jean Huss, au concile cannibale de Constance, 1429. — Érasme, frondeur et libre penseur, 1576. — La Chalotais, intrépide accusateur des jésuites, 1785. — Picard (Jean), grand astronome, 1682, ou 1683, et même 1684.

13 Marat, assassiné par Charlotte Corday, séide des jésuites, 1793. — Duguesclin, 1380. — Duc d'Orléans, non pleuré par son père, Louis-Philippe, 1842. — Fête grandiose, donnée par le gouvernement, au prince mahométan ; ce qui est d'un heureux augure en faveur du respect futur envers les enterrements civils de nos concitoyens, 1873.

14 Prise de la Bastille, ère de l'affranchissement des Français, 1789¡¡¡

15 Sacrifice humain : Jean Huss immolé sur un bûcher par le clergé catholique du concile de Constance¡¡¡ 1415. — Déclaration insensée de guerre à la Prusse, de la part du prétendu neveu de Napoléon le Grand, 1870¡¡¡

16 Masaniello (Thomas Auiello, plus connu sous le nom de), maître souverain de Naples, mort empoissonné, 1647. — Charlotte Corday, assassin de Marat, 1793. — Hégyre, ère des mahométans, 622. — Béranger (P.-J. de), immortel chansonnier, mort entouré de médecins inhabiles et du rebut du libéralisme ; puis conduit au tombeau par des régiments qui menaçaient la douleur publique accourue de toutes parts aux obsèques de ce libre penseur, 1857 (Ses vrais amis le pleuraient dans l'exil, en Belgique).
17 Arteveld (Jacques d'), 1345.
18 Godefroy de Bouillon, 1100. — Pétrarque, 1374. — Juarez (Benito), président de la république du Mexique, 1872.
19 Trahison de Baylen ¡¡¡ Violation de la capitulation par les Anglais, inhumanité britannique envers les prisonniers, 1808. — Départ, de Paris, du shah de Perse, 1873.
20 Talbot, surnommé l'*Achille anglais*, 1453. — Abolition de l'ordre des jésuites par le pape Clément XIV, 1773. — Bichat, 1802.
21 Victoire remportée par Louis IX, à Taillebourg, sur Henri III, roi d'Angleterre, et le comte de la Marche, 1242. — Victoire de Bonaparte aux Pyramides, 1798.
22 Duc de Reichstadt, ex-roi de Rome, immolé à la politique de la Sainte-Alliance par les jésuites et le complet oubli de sa mère autrichienne, 1832.
23 Ménage, 1692. — Valmore (Mme Desbordes-), 1859.
24 Horrible assassinat du maréchal Brune par les royalistes, sur les ordres de la société occulte des jésuites, à Avignon, 1815. — Echec de Nelson et de la flotte anglaise devant Ténériffe, 1797. — Geoffroy Saint-Hilaire, naturaliste, 1844.
25 Insolentes ordonnances de Charles X, sous les ordres des jésuites, 1830. — Victoire des Français à Denain, sous les ordres de Villars, qui vengea ainsi sa retraite de Malplaquet, 1712. — Chénier (André), 1794 ¡¡¡
26 Réponse du peuple soulevé, à la provocation antinationale du dernier roi de France et de Navarre, 1830.
27 Turenne, 1675. — Journée dite *du 9 thermidor*, 1794. —

L'*Emile* de J.-J. Rousseau brûlé par la main du bourreau, à Genève, alors digne émule de Rome, 1762 (voir 11 juin)¡¡¡ — Bouchardon, sculpteur, 1762. — Julien, dit l'Apostat par les fanatiques et proclamé par l'histoire le César philosophe, 363. — Maupertuis, grand géomètre, 1759.

28 Robespierre, Couthon, Saint-Just, etc., 1794. — Victoire des Français (40,000) sur les Anglais (80,000), commandés par Wellington, à Talaveira (Espagne), 1809. — Assassinat juridique des deux frères les généraux Faucher, à Bordeaux, 1815¡¡¡ — Machine infernale de l'infâme Fieschi, espion de la cour; elle ne fut braquée que contre le peuple et la liberté du *Réformateur*, 1835. — Monge, géomètre applicateur, 1818.

29 Victoire complète du peuple de Paris sur la royauté après trois jours de combat; chute de la royauté de droit divin, 1830. — Victoire à Tolosa (Espagne) des Français au nombre de 40,000, sur 80,000 Anglais et Espagnols commandés par Wellington, 1809. — Victoire des Français sur Guillaume III roi d'Angleterre, à Nerwinde, 1693. — Oppède (baron d'), infâme égorgeur catholique des braves et laborieux Vaudois de la Provence, mort à son tour dans des douleurs atroces, 1558 ¡¡¡

30 Marie-Thérèse, épouse officielle de Louis XIV, 1683. — Diderot, 1741. — Penn (Guillaume), fondateur préparateur, par la sagesse et la philanthropie de ses principes, de la grande république des États-Unis d'Amérique, 1718.

31 Victoire navale des Français (amiral d'Orvilliers) sur les Anglais (amiral Keppel), en face des îles d'Ouessant, 1779. — Escamotage de la révolution de Juillet, par les rouéries de la société de Jésus, en faveur de Louis-Philippe, fils de Philippe surnommé l'Égalité, 1830. — Glorieuse capitulation de Valenciennes, 1793. — Ignace de Loyola, espèce de visionnaire, fondateur de la congrégation impitoyable des jésuites, 1556.

AOUT

1 Glorieuse défaite d'Aboukir par l'inactivité de vingt capitaines de vaisseaux français, sur laquelle comptait l'amirauté

anglaise. Héroïque mort de Dupetit-Thouars et de l'amiral Brueys. A cette époque, Quiberon prenait du service dans la marine, 1798. — Assassinat de Henri III par le pieux Jacques Clément, 1589. — Chappe (l'abbé), 1769.

2 Condillac, 1789. — Montgolfier, 1799. — Escarmouche de Saarbruck, 1870.

3 Holocauste humain : le savant typographe Dolet brûlé vif à l'Estrapade par la Sorbonne, 1546 ¡¡¡

4 Abolition des titres de noblesse et des priviléges par l'Assemblée nationale, 1789. — 5,000 Autrichiens mettent bas les armes devant 1,200 hommes commandés par Bonaparte, 1796. — Nelson, à la tête de la flotte anglaise, bat en retraite devant la flottille française du camp de Boulogne, 1804. — Exécution odieuse de Jacques d'Armagnac par le féroce et pieux Louis XI, 1477. — Bataille de Wissembourg, 1870 ¡¡¡

5 Victoire de Bonaparte sur les Autrichiens à Castiglione, 1796. — Antoine Arnaud meurt à Bruxelles, exilé par les jésuites, dont sa plume était la terreur, 1694.

6 Arrêt du Parlement qui supprime en France l'ordre des jésuites, comme enseignant une *doctrine perverse, destructive de tout principe de religion et même de probité, injurieuse à la morale chrétienne, pernicieuse à la société civile, séditieuse,... propre à exciter les plus grands troubles dans les États et à former et à entretenir la plus profonde corruption dans le cœur des hommes...* Donné en Parlement, toutes les chambres assemblées, le 6 août 1762. — Rétablissement de l'ordre des jésuites par le pape Pie VII, d'abord républicain, puis servile envers Napoléon, et ensuite inexorable envers ceux qui avaient servi cet empereur, sur son exemple, 1814. — Cicéron, immolé à la vengeance d'Antoine par la lâcheté d'Auguste, 45 ans avant notre ère. — Deux batailles, de Spickeren, près Forbach, et de Reischoffen, perdues, en dépit de la bravoure de nos soldats, par l'impéritie du prétendu neveu de Napoléon le Grand et de ses généraux d'antichambre, 1870 ¡¡¡ — Odilon Barrot, avocat presque sans cause et qui a gagné à ce métier quelque chose comme plusieurs millions, en plaçant ses parents préfets et

— 82 —

sous-préfets, sous tous les règnes; le préfet de Bourges, sous notre auguste empereur, était son beau-frère; il a su ce que lui a coûté notre condamnation. En récompense, mon système de médecine a fait vivre le grand Odilon Barrot 83 ans, 1873.

7 Déception de Juillet 1830, œuvres des jésuites. Louis-Philippe d'Orléans, fils de l'Égalité, est proclamé, par une coterie organisée de longue main, roi des Français. — Lamoignon, magistrat intègre, 1709.

8 Adanson, 1806. — Richelieu (maréchal de), 1788.

9 Jeanne Hachette, héroïne de Beauvais, 1473.

10 Les Tuileries prises d'assaut par le peuple, 1792.

11 Victoire de Condé à Senef, 1674.

12 Louis XVI et sa famille transférés au Temple, 1792. — Assassinat juridique du brave Dupuy-Montbrun à Grenoble, 1815. — Millevoye, jeune et intéressant poëte, 1816. — Le prétendu neveu de Napoléon, honteux et comme abruti, abdique le commandement de l'armée du Rhin et l'embarrasse de sa dyssenterie et de ses immenses bagages bourrés de l'or qu'il avait pillé à notre pauvre France, 1870!!!

13 Bataille de Hochstedt, perdue par les débiles favoris du vieux Louis XIV, 1704. La victoire de Moreau sur le même terrain, le 19 juin 1800, a lavé suffisamment notre histoire de cet échec. — Cuvier (Georges), 1832. — Admirable résistance de la ville fortifiée de Phalsbourg, 1870!!!

14 Passage du Borysthène par la grande armée, 1812. — Magnifique succès de Borny (sur la droite de Metz) en dépit du honteux Bazaine, 1870. — Retour à Paris de l'armée de Crimée, où elle a laissé 100,000 hommes de nos meilleures troupes, sur lesquels 75,000 morts de maladie, par la faute de notre discipline et de la mauvaise qualité des substances alimentaires, sur lesquelles se sont enrichis tous les *riz-pain-sel* de notre malheureuse patrie, 1856!!!

15 Victoire des Français, sous les ordres du duc de Vendôme, sur les impériaux, sous les ordres du prince Eugène, à Luzzara, dans le Milanais, 1702.

16 Premier emploi du télégraphe aérien, annonçant la prise du

Quesnoy 1794. — Embarquement pour l'exil de Charles X à Cherbourg, 1830. (Quand le jésuitisme a usé une de ses créatures, il la sacrifie pour faire place à une autre qu'il tâchera d'user de même.) — Départ, les larmes aux yeux, de notre dyssentérique empereur, quittant Metz dans une espèce d'idiotisme, 1870 ¡¡¡

17 Assassinat politique du général Ramel, 1815 ¡¡¡
18 La Boëtie, 1563. — Delambre, astronome, 1822. — Victoire de Catinat sur le prince Eugène à Staffarde, 1690. — Mac-Mahon tient en respect les troupes prussiennes, du matin au soir, quoique doubles des siennes, 1870. — Grande victoire, à Rézonville ou Gravelotte, de nos soldats sur les troupes prussiennes commandées par le prince Charles fuite honteuse de toute l'armée prussienne qui ne se serait jamais relevée de ce coup, sans la trahison de Bazaine, 1870!!! ¡¡¡
19 Pascal, 1662. — Assassinat politique du colonel La Bédoyère, 1815.
20 Guy d'Arezzo, moins réformateur qu'écrivain sur la musique, xie siècle *.
21 Bernadotte élu prince royal, 1810. — Condamnation, par le Parlement de Toulouse, de l'abbé et du chevalier de Ganges, comme assassins de leur vertueuse belle-sœur, 1667. — Montague (lady), qui importa de Constantinople en Angleterre, en dépit des médecins, l'inoculation, 1762. — Rumfort (comte de), physicien du calorique, 1814.
22 Hippocrate, 351 avant notre ère *.
23 Herschell, astronome, 1822.
24 Massacre papiste de la Saint-Barthélemy par les jésuites, 1572. — Jean Goujon assassiné sur son échafaudage, 1572. — Héroïque résistance de Verdun contre le prince Georges de Saxe. La garnison renforcée des citoyens force le Prussien de se retirer en désordre, en laissant devant la place 900 morts environ, 1870!!!
25 Louis IX, 1270. — Watt, applicateur de la puissance de la vapeur, découverte par Papin, 1820.
26 Victoire de Napoléon sur l'Europe coalisée à Dresde. Bles-

sures de Moreau dans les rangs des ennemis de la France, 1813. — Hume (David), historien anglais, 1776. — Condé (le dernier duc de) est trouvé mort, suspendu à l'espagnolette de sa fenêtre, par une corde qui ne lui serrait pas le cou et les pieds traînant par terre; en même temps le cadavre de son valet de chambre est retiré d'un étang voisin. A cette double nouvelle si inattendue, il n'y eut qu'un cri dans tout Chantilly : *Le coupable, c'est la baronne de Feuchères* (la Dubarry du duc); *son complice, c'est Louis-Philippe qui venait de trahir le serment prêté à sa famille en se laissant proclamer* Roi des Français. Chacun savait, dans le château, que le duc devait partir le lendemain de grand matin à l'étranger, accompagné de son premier gentilhomme et de son aumônier, pour y refaire son testament et déshériter le duc d'Aumale, le jeune fils de Louis=Philippe, 1830. Le baron de Feuchères qui, en épousant cette fille, avait cru épouser un enfant naturel du duc, répudia avec horreur l'héritage de sa femme; car la baronne ne survécut pas longtemps à sa victime (les morts vont vite chez les rois). On connaît d'autres gens qui se sont montrés moins scrupuleux que le baron.

27 Toulon livré aux Anglais par des Français indignes de ce nom, 1793. — Héroïque capitulation d'Huningue, défendu pendant douze jours par 135 soldats français contre 36,000 Autrichiens, 1815.

28 Présentation des lois odieuses votées en septembre suivant, lois préparées par la machine infernale de Fieschi, et braquées spécialement contre le journal *le Réformateur*, afin de le faire passer entre les mains de quelques imbéciles séides de la société de Jésus, 1835.

29 Louis XI, féroce et poltron, 1482 ¡¡¡

30 Soufflot, architecte du Panthéon, 1781. — Guy-Patin, médecin, historien par ses lettres, 1672.

31 Roger Bacon, 1294; il devança Galilée et fut traité comme lui.

SEPTEMBRE.

1 Louis XIV, 1715. — France, rougis¡¡¡ à Sedan, l'enfant de la reine Hortense, ton idiot d'usurpateur, se disant Napoléon III, un drapeau blanc à la main, s'avance auprès des Prussiens étonnés pour leur livrer toute sa brave armée de 85,000 hommes¡¡¡ ¡¡¡ ¡¡¡; triple expiation du plébiscite; et il fuit, comme un lâche, à l'insu de son armée livrée à l'ennemi. Le même jour le général Vinoy, entendant la canonnade à 16 kilomètres de Sedan, recule avec 20,000 hommes devant la division wurtembergeoise, 1870. (V. 28 *sept.*)

2 Massacres des prisons de Paris, organisés par les jésuites, dans le double but de punir les nobles libres penseurs et de jeter de l'odieux sur la Révolution française, 1792. — Rétablissement, par la faiblesse d'Henri IV, des jésuites qui devaient le faire assassiner, 1603. — Moreau (général), mort dans les rangs ennemis, 1813¡¡¡

3 Deuxième journée des saturnales dans le sang, sous les inspirations secrètes des jésuites impitoyables, auteurs du terrorisme, 1792.

4 Rouerie jésuitique: déportation des républicains innocents, à la place des royalistes coupables, 1797. — Bombardement d'Alger par Duquesne, 1682. — Victoire de Bonaparte sur les Autrichiens à Roveredo, 1796. — Les Anglais, descendus à Saint-Cast (Bretagne), sont écrasés avec une perte de 4,000 hommes et 500 prisonniers, 1758. — Déchéance du prétendu Napoléon III par le gouvernement provisoire, composé d'orléanistes, coupables plus tard, comme lui, d'avoir livré Paris et la France aux Prussiens. Je puis certifier que ces braves gens (MM. les orléanistes de l'Assemblée) étaient avertis d'avance que Napoléon devait être pris; je doute qu'ils le nient, 1870.

5 Lenostre, jardinier, 1700. — Duperron, cardinal, vaincu par le protestant de Mornay, 1618. — Trochu se nomme président du gouvernement de la Défense nationale, quoique

ou parce qu'il était dévot à la Vierge et à Geneviève de Brabant, 1870.

6 Les jésuites, sous le masque des protestants, essayent de lapider J.-J. Rousseau, dans sa maison du Mont-Travers près Neufchâtel, 1765. — Assassinat juridique des quatre sergents de La Rochelle, 1822. Les provocateurs ont jeté leurs masques dans la sacristie en 1848!!! — Colbert, grand ministre, 1683.

7 Victoire de Napoléon sur les Russes à la Moskowa, 1812. — Estienne (Robert), mort dans l'exil et ruiné après la mort de son protecteur François Iᵉʳ, 1559.

8 Pallas, savant voyageur naturaliste, 1811. — Victoire des Français sur les Autrichiens à Hondschoote, 1793.

9 Guillaume, duc de Normandie, fait la conquête de l'Angleterre à la tête d'une armée improvisée de Français, 1087. — Rétablissement irrationnel du Calendrier grégorien, pour flatter le clergé romain, 1805. — Admirable suicide : explosion de la poudrière de Laon lors de l'entrée de l'état-major du duc de Mecklembourg dans la citadelle, 1870.

10 Assassinat royal du duc de Bourgogne, 1419.

11 Bernard de Palissy, 1589. — Bataille de Malplaquet, où la belle retraite des Français, sous les ordres de Villars, équivalut à une victoire. Les alliés, Anglais, Allemands et Hollandais, sous les ordres de Marlborough et du prince Eugène, y perdirent deux fois plus de monde que les Français, et ne recueillirent d'autre honneur que de passer la nuit sur le champ de bataille, 1709. — La papauté détrônée par le roi d'Italie, et Rome devenue capitale de l'Italie, 1870.

12 Assassinat juridique du vertueux de Thou, 1642. — Rameau, grand musicien, mort libre penseur, 1764.

13 Cromwell, 1658. — Titus, empereur, surnommé les Délices du genre humain, 81. — Victoire des Français sur les Anglais à Villafranca, 1813. — Décret du pape Clément XI contre les scandales et barbaries des jésuites en Chine, 1725. — Montaigne (Michel de), inimitable philosophe et écrivain, 1592. — Philippe II, roi d'Espagne, monstruosité, 1598.

14 Occupation de Moscou par les Français, 1812. — Le Comtat-

Venaissin réuni à la France, 1794. — Le Dante, 1321. — Cassini Ier, astronome, 1712. — Rollin, instituteur et grand propagateur d'histoire, 1741.

15 Hoche, 1797.
16 Louis XVIII, 1824. — Dupaty (Mercier), le président, auteur des *Lettres sur l'Italie*, 1788.
17 Bréguet, horloger, 1823. — Paris est cerné par les Prussiens, 1870.
18 Van Eyck (Hubert), l'un des inventeurs de la peinture à l'huile, 1426. — Victoire de Brune sur les Anglais et les Russes à Bergen, 1799. — Massillon, inimitable prédicateur, 1742.
19 Bataille de Poitiers, gagnée par l'inertie anglaise, parfaitement bien retranchée, sur l'impétuosité indisciplinée de grands seigneurs d'alors, 1346.
20 Victoire, en quelques heures, à Valmy, des républicains français, simples volontaires de la veille, sur les vétérans prussiens et les émigrés transfuges français, 1792. — Translation du corps de J.-J. Rousseau au Panthéon, 1794. — Méchain, savant astronome mort de chagrin pour une faute de calcul, 1805.
21 Royauté abolie en France, 1792. — Marceau, 1796. — Victoire d'Henri IV à Arques, près Dieppe, 1589.
22 Valdo, qui passa sa vie à signaler les turpitudes du clergé romain et à épurer les mœurs de ses semblables, 1179. — Clément XIV, empoisonné lentement par les jésuites qu'il avait supprimés, 1774. — Ère de la République française, 1792!!!
23 Convocation des états généraux, 1788. — Boërhaave, illustre botaniste et médecin, 1738.
24 Victoire navale de Suffren sur les Anglais dans l'Inde, 1782. — Paracelse, 1541. — Grétry, 1813.
25 Victoire décisive des Français contre les Russes à Zurich, 1799.
26 Traité, en 1815, de la sainte et aristocratique alliance de toute l'Europe contre la France, qui a continué à la chansonner et à la faire trembler pendant 54 ans. — Seconde

— 88 —

résistance victorieuse de Verdun par la garnison secondée par les citoyens armés (voyez le 24 août), 1870.
27 Duguay-Trouin, la terreur des Anglais, 1736. — Victoire de Masséna sur les Anglais à Busaco (Espagne), 1810. — Institution de l'ordre des jésuites, si fatale à l'humanité, sur la présentation d'un fou nommé Loyola, don Quichotte de la Vierge, par la bulle du pape libertin Paul III, 1540.
28 Prise de Nice par les Français, 1792. — Capitulation de la brave ville de Strasbourg, malgré elle et malgré son héroïque armée, 1870.
29 Souwarow disparaissant après sa défaite de Zurich et fuyant jusqu'en Russie, 1799. — Pompée le Grand, égorgé en débarquant en Égypte, sur l'ordre du roi son pupille, 48 ans avant notre ère.
30 Saint Jérôme, seul arbitre de l'authenticité des quatre évangiles, 420. — Clôture de l'Assemblée constituante, 1791. — Prise par les Français de Spire et Worms, 1792.

OCTOBRE.

1 Corneille (le Grand), 1684. — Assassinat juridique, en violation des formes de la procédure, du colonel Caron, entraîné dans un piége par quelques agents provocateurs de la police Decazes, sous la conduite du maréchal des logis Thiers, frère du ministre, 1822.
2 Prise de Bougie par le général Trézel, 1833. — Victoire des Français, sous la conduite de Jourdan, à Aldenhoven, sur les Autrichiens, 1794.
3 Victoire des Français sur les Autrichiens à Hohenlinden, 1800. — Capitulation de Cadix, un des hauts faits d'armes du grand conquérant le duc d'Angoulême, qui ne s'en est jamais douté, 1823. — Annibal, 183 ans avant notre ère *.
4 Victoire de Catinat à Marseille, 1693. — Miltiade, 489 avant notre ère *.

5 Assassinat juridique du général Berton, 1822, entraîné par des agents provocateurs qui se sont démasqués, les uns à la cour de Louis-Philippe, et les autres dans les sacristies en 1848.

6 Thémistocle, 464 avant notre ère'. — Guarini, auteur du *Pastor Fido*, 1612.

7 Victoire des Français sur les Austro-Russes à Constance (Suisse), 1799. — Héroïque défense de Lille, 1792. — Alfieri, 1803. — Froissard, historien, 1400.

8 Rienzi, 1354. — Anglais à Lorient forcés de regagner en toute hâte leurs vaisseaux, 1746. — Belle défense de Saint-Quentin (Aisne) par les citoyens de la ville contre les Prussiens, 1870!

9 Reprise de Lyon sur les agents des jésuites et de l'étranger, 1793. — Victoire des Français, sous la conduite de Soult, sur les Anglais et Espagnols, sous la conduite de Wellington, à Alba (Espagne), 1812. — Perrault (Claude), architecte de la colonnade du Louvre, 1688.

10 Zwingle, brave combattant protestant, mort sur le champ de bataille, 1531.

11 Victoire des Français, sous la conduite de Maurice de Saxe, sur les Anglais et Hollandais, à Rocoux, 1747. — Monaldeschi, assassiné sous les yeux et par les ordres de la reine Christine, 1657.

12 Épicure, 270 avant notre ère'. — Marco Paolo (Marc Paul), voyageur qui a parcouru, par voie de terre, l'Asie jusqu'en Chine, dès 1324*.

13 Murat, fusillé par les Bourbons de Naples, 1815. — Prise de Constantine par les Français, 1837. — Virgile, 18 ans avant notre ère*.

14 Victoire de Napoléon sur les Prussiens à Iéna, 1806. — Gassendi, 1655. — Tycho-Brahé, astronome, 1601.

15 Malebranche, 1715. — Kosciusko, 1817. — Vésale, anatomiste, victime de la ire des médecins, 1564. — Potemkin, illustre favori et victime de Catherine II, impératrice de Russie, 1791. — Nouveau bombardement de Verdun, trois fois plus terrible que les deux autres (voy. 26 *septembre*)

et repoussé avec le même entrain pendant 3 jours par la garnison et la population, 1870 !!!
16 Marie-Antoinette, épouse de Louis XVI, 1793. — Capitulation de 16,000 Prussiens à Erfurth, 1806.
17 Capitulation d'Ulm entre les mains de Napoléon, 1805. — Ninon de Lenclos, la femme libre, 1705 ¡¡¡
18 Leipzig ¡¡¡ défection des troupes allemandes; Poniatowski, 1813. — Méhul, compositeur, 1817. — Réaumur, grand observateur et physicien, 1757. — Admirable défense de Châteaudun contre la barbarie des Prussiens, 1870.
19 Talma, 1826. — Polybe, historien, 120 ans avant notre ère*.
20 Grand sanhédrin des juifs à Paris, 1806.
21 Nelson tué à Trafalgar; il savait d'avance que quinze vaisseaux français au moins amèneraient leurs pavillons, en dépit de la bouillante indignation de leurs intrépides marins. Seconde édition des manœuvres d'Aboukir, 1805. — Babinet, membre de l'Institut, mort en libre moqueur, 1872.
22 Les Français obligent Wellington de lever le siége de Burgos (Espagne), 1812. — Révolte et soumission du Caire, 1798. — Odieuse et ruineuse révocation de l'édit de Nantes, 1655 ¡¡¡ — Victoire remportée à Villegats (près Mantes) sur les Prussiens par les *Mocquards;* mort du lieutenant-colonel d'artillerie prussien Vogel de Falkenstein, 1870.
23 Conspiration de Mallet, 1812; grotesque rôle de Pasquier, alors préfet de police et plus tard président de la Chambre des pairs. — Boëce, 526.
24 Babinet, enterré par les prêtres, quoique mort, sinon comme libre penseur, du moins comme libre moqueur; il est mort le 21 oct. 1872.
25 Prise de Berlin par les Français, 1806. — Héroïque résistance du colonel Denfert, à Belfort, contre les Prussiens qui a duré jusqu'à la honteuse capitulation du 29 janvier 1871 !!!
26 Holocauste humain : Servet livré aux flammes par Calvin, 1553 ¡¡¡ — Rancé (l'abbé de), réformateur de la Trappe, au-

jourd'hui bien dégénérée par la boisson, 1700. — Voyez, dans notre *Almanach météorologique pour* 1872, *pag.* 166, le rare fait d'armes du marquis de Fréminville, capitaine des mobiles de l'Ain, qui, furieux d'avoir fouillé vainement dans nos caves, en les dévastant, s'en vint opérer au grand jour en brisant quatre statues à coups de *révolver* et de *sabre,* en face des soldats du même corps qui lui reprochaient ces actes de lâcheté. Savez-vous qui a été puni dans cet acte d'iconoclaste ? ce sont ces braves soldats pour avoir insulté ce digne capitaine qui leur conseillait de tout dévaster dans la maison du républicain Raspail. Ainsi va la justice des conseils de guerre. — L'exemple donné par le marquis de Fréminville a été trop bien suivi par les mobiles de la Vendée et du Puy-du-Dôme, qui n'ont laissé que des ruines dans la commune d'Arcueil-Cachan. (Voyez en même temps ce que dit, de cet acte de bravoure, l'ex-sénateur Vinoy, et passez outre)¡¡¡

27 Lycurgue, 870 avant notre ère★.
28 Charles Degeer, le Réaumur suédois, 1778. — Admirable conduite de 280 francs-tireurs de la Presse et mobiles qui reprennent le Bourget près Paris; Trochu les blâme et les laisse ensuite égorger par l'arrivée de 35,000 Prussiens, sans envoyer à leur secours¡¡¡ 1870. — Beau fait d'armes de la garnison de Verdun qui, dans la nuit, vient enclouer 16 pièces de canon prussiennes et se retire presque sans perte, 1870!!! (Voy. 15 octobre.)
29 Exécution de Mallet, 1812. — D'Alembert, 1783. — Bazaine livre à l'ennemi une armée affamée et indignée de rage et de honte de 170,000 hommes, plus les drapeaux, les canons et les munitions de la brave ville de Metz; les femmes veulent lui arracher les yeux, les soldats accourent pour le fusiller; les gendarmes prussiens le protégent et parviennent à le sauver, 1870¡¡¡
30 Reddition de l'héroïque ville de La Rochelle, 1630. — Assassinat juridique de Montmorency, 1632¡¡¡
31 Les Girondins, 1793. — La population de Paris, indignée de l'abandon de nos héroïques combattants du Bourget par

Trochu, se transporte à l'Hôtel-de-Ville; le gouvernement provisoire orléaniste transforme cette explosion en une cohue indéfinissable sans rime ni raison; le tour était joué¡¡¡ 1870. — Hansteed, célèbre astronome de l'Angleterre, 1719.

NOVEMBRE.

1 Tremblement de terre à Lisbonne, 1755; on en ressentit la secousse jusqu'en Suède. — Pompignan (Lefranc de), auteur de l'ode sur J.-B. Rousseau, 1784.
2 Louis le Débonnaire, type des rois de droit divin et partant esclaves des prêtres, 833¡¡
3 60,000 Espagnols et Allemands sont forcés de lever le siège de Saint-Jean-de-Losne (Côte-d'Or), défendu par 5,000 citoyens et 50 soldats, 1636. — Lescure, général vendéen, 1793.
4 Institution du Directoire, 1795¡¡¡
5 Riego, 1823.
6 Bernard de Jussieu, 1777. — Exécution de Philippe-Égalité, 1793. — Charles X, mort dans l'exil, 1836.
7 Victoire des volontaires français sur les vétérans autrichiens à Jemmapes, 1792. — Capitulation de 16,000 Prussiens à Ratkau, 1806. — Très-beau début de l'armée de la Loire entre Marchenoir et Orléans, 1870.
8 Mme Roland, 1793. — Lancelot (Ant.), 1740. — Ximenez, grand ministre espagnol, 1517. — Capitulation de Verdun aussi honorable que la résistance de Belfort. (Voy. 28 octobre); d'après les termes du traité, le matériel de guerre, les approvisionnements de toute espèce, les archives et tout ce qui était propriété de l'État à Verdun, devait être restitué à la ville dès la conclusion de la paix!!! 1870. (Avec une telle armée et de tels soldats, si elle avait été commandée par d'autres généraux que les hommes du 2 décembre 1850, il ne serait pas sorti de France un seul soldat allemand.)

9 Coup d'État du 18 brumaire an VIII et Consulat, 1799. — Catherine II, impératrice de Russie, 1796.
10 Milton, 1674. — Bailly, 1793. — Magnifique bataille de l'armée de la Loire contre le prince Charles et le duc de Mecklembourg, à Coulmiers; l'ennemi abandonne Orléans dans le plus complet désordre, 1870!!!
11 5,000 Français mettant en fuite 24,000 Russes à Dirnstein, 1805. — Mettrie (J. Offray de la), 1751. — J.-S. Bailly, astronome, 1793.
12 Gilbert (le poëte), que les dévots qu'il avait servis laissèrent mourir à l'hôpital, 1780.
13 Première occupation de Vienne par les Français, 1805.
14 Leibnitz, 1716.
15 Képler, astronome, 1630. — Suicide sublime de Roland, en apprenant la mort, par la guillotine, de son épouse, 1793.
16 Victoire et mort de Gustave-Adolphe à Lutzen, 1632. — Charron, auteur du *Traité de la sagesse*, 1603. — Tallien, abandonné de sa femme, Mme Cabarus, plus tard princesse de Chimay, et de son parti, 1820.
17 Victoire de Bonaparte à Arcole, 1796. — *Conspiration* dite *des poudres*, ourdie à Londres par la société de Jésus, 1605. — Mirandole (J. Pic de la), savant *de omni re scibili*, 1494.
18 Première représentation de l'*OEdipe* de Voltaire, 1718.
19 Le Poussin, 1665. — Le Masque de fer, fils de Mazarin et d'Anne d'Autriche, et frère aîné de Louis XIV, 1703.
20 Découverte de l'armoire de fer aux Tuileries, 1792. — Dugommier, surnommé le *Père des soldats*, meurt dans son triomphe, 1794. — Cardinal de Polignac, 1741.
21 Cardinal de Bourbon, un instant roi de France sous le nom de Charles X, 1589. — J.-B. Santerre, peintre français, 1717.
22 Homère, 980 avant notre ère*.
23 Duc d'Orléans, assassiné par le duc de Bourgogne, 1417!!!
24 Victoire des Français sur les Autrichiens et les Sardes à Loano, 1793. — Solon, 1559 avant notre ère*.
25 André Doria, libérateur de Gênes, 1460.

26 Sénèque, 68*. — Quinault, poète lyrique, 1688. — Garibaldi remporte trois victoires sur les Prussiens à Prenois, Darois et sous les murs de Dijon, 1870.

27 Lamblardie, fondateur de l'École polytechnique, 1798. — Arteveld (Philippe d'), grand et brave tribun flamand, mort en combattant, 1382.

28 Dunois, 1468. — Tournefort, illustre botaniste, 1708. — 1re victoire de Voltaire pour sauver la famille Sirven : elle est déclarée innocente, à Toulouse, où elle avait été condamnée à mort par contumace, 1769. (*Voir le 14 janvier* 1772.)

29 J.-B. Van Helmont, révolutionnaire en chimie et en médecine, 1644*.

30 Victoire de Napoléon sur les Espagnols à Somo-Sierra (Espagne), 1808. — Saxe (maréchal de), 1750.

DÉCEMBRE.

1 Alexandre Ier, empereur de Russie, 1825. — Brillant fait d'armes par l'armée de la Loire contre les Prussiens, au château de Villepion, 1870. — Victoire à Autun de Garibaldi sur les Prussiens, supérieurs en force ; belle conduite des habitants d'Autun. — Le même jour le général Ducrot s'était engagé de ne rentrer à Paris que MORT OU VICTORIEUX ; le grand sonneur de retraite, son illustre ami le général Trochu, lui tendit la main à Champigny, en même temps que les Prussiens du prince Charles sonnaient la retraite de leur côté. Le siége de Paris a été fécond en pareilles retraites, sonnées à Châtillon par le général Vinoy, à Buzenval par Trochu, etc., alors que nos troupes ardentes marchaient à la victoire. Cela n'a fini qu'après que Trochu eût achevé de rédiger son plan, aux pieds de Sainte-Geneviève de Brabant, et l'eût déposé dûment cacheté chez un notaire, et que Jules Favre fût allé, SEUL de son gouvernement, signer, les larmes aux yeux, le traité de paix avec son excellent ami Bismark. Ainsi finit la série de nos

hontes officielles, de nos glorieuses souffrances et de nos plus glorieuses espérances, sur quatre points différents de notre malheureux pays, 1870.

2 Victoire de Napoléon à Austerlitz sur les trois souverains de Russie, d'Autriche et de Prusse, 1805. — 2ᵉ Empire, 1851[1] — Fernand Cortez, 1554. — Crillon, 1615.

3 Victoire des Français à Bourdits (Catalogne), 1653.

4 Cardinal de Richelieu, 1642. — Prise de Madrid par les Français, 1808.

5 40,000 Napolitains et Anglais mis en déroute complète par 6,000 Français à Civita-Castellana, 1798. — Mozart, 1791.

6 Orphée, 1,000 avant notre ère.*. — Chanzy, nommé général en chef de l'armée de la Loire, à la place de d'Aurelles de Paladines, 1870.

7 Assassinat juridique du maréchal Ney, 1815. — Victoire, à Cravant (près d'Orléans), par l'armée de la Loire composée surtout de mobiles, contre le prince prussien Charles, 1870.

8 Empédocle, 440 avant notre ère'. — Victoire à Villarceau (près Beaugency, sur la Loire) de notre jeune armée sur les Prussiens et Bavarois commandés par le prince Charles avec des forces supérieures, 1870.

9 Van Dyck, 1641. — Laubardemont fils, chef de voleurs, 1651.

10 Victoire de Villa Viciosa, 1710.

11 Condé (le Grand), 1686. — Charles XII, 1718.

12 Glorieux combat du brick *le Cygne*, 1808,

13 Démocrite et Héraclite, 500 avant notre ère*. — Belle retraite de Chanzy, après 6 jours de combats victorieux sur les troupes accourues au secours du prince Charles, autour de Fréteval (sur Vendôme), 1870.

14 Washington, 1799.

15 Arrivée à Paris des cendres de Napoléon à travers une haie d'un million d'hommes, 1840. — Grande bataille livrée, à Vendôme, par Chanzy contre les troupes réunies du duc de Mecklembourg et du prince Charles, 1870.

16 Pindare, 436 avant notre ère. — Quesnay, chef des économistes, 1774.

17 Bolivar, dictateur de la Colombie, 1830*.

18 Vicomte d'Orthez, 1572.
19 Les Anglais chassés de Toulon par le lieutenant d'artillerie Bonaparte, 1793. — Léonidas et les 300 Spartiates, 480 avant notre ère. — Abolition de l'esclavage aux États-Unis d'Amérique par le Congrès, 1865.
20 Condamnation arbitraire de Fouquet, dépositaire des secrets de la naissance du Masque de fer, 1664. — Ambroise Paré, 1590.
21 Sully, 1641. — Montfaucon, 1741. — Belle retraite de Chanzy, au Mans, après avoir épuisé les forces du duc de Mecklembourg et du prince Charles, forcés de leur côté de s'éloigner, le premier à Chartres et le second à Orléans, pour aller se réorganiser, 1870.
22 Lantara, mort à l'hôpital, 1778.
23 Capitulation de la citadelle d'Anvers, 1832.
24 Assassinat du duc de Guise par ordre d'Henri III, 1588. — Machine infernale organisée par les jésuites et royalistes contre la vie de Bonaparte, premier consul, 1800. — Le président Hénault, 1770. — Vasco Gama, voyageur, 1524.
25 Jésus de Nazareth, 1. — Charles le Chauve, couronné empereur à Rome, 875.
26 Helvétius, 1771.
27 Tentative d'assassinat sur Henri IV par Jean Châtel, élève des jésuites, 1594. — Assassinat du général Duphot par les sbires de la cour de Rome, 1798. — Ronsard, 1585. — Mabillon, 1707.
28 Pierre Bayle, 1706. — Prise de Spire par les Français, 1793.
29 Expulsion des jésuites comme coupables et instigateurs de l'assassinat d'Henri IV par Jean Châtel, pendaison des deux jésuites Guinard et Quétel comme complices du régicide Jean Châtel, 1594. — Victoire de Turenne à Mulhouse, 1674. — Montyon, 1820.
30 Borelli, savant observateur, 1679.
31 Daubenton, 1799 à 1800. — Wicleff (Jean), préparateur du protestantisme, 1385. — Marmontel, littérateur et poëte, 1759.

N° XII

Observations sur l'usage et la destination des éphémérides précédentes.

Après la leçon de l'*Agenda agricole*, dont nous avons parlé à la page 31, l'instituteur communal devra en ouvrir immédiatement une autre exclusivement biographique et historique. Chaque jour, il racontera à ses élèves, soit la vie d'un homme célèbre ou par ses vertus qui doivent leur servir d'exemple, ou par ses méfaits qui doivent leur indiquer le danger à éviter; soit l'histoire d'un événement dont la patrie ait à s'enorgueillir, ou dont l'humanité ait à réparer les désastres et à conjurer le retour. Le canevas de ce cours se trouve dans ces *éphémérides* (Voy. pag 59).

Dans ce but, chaque jour l'instituteur devra avoir recours, pour sa leçon du lendemain, à une biographie ou à un livre d'histoire écrit avec indépendance et philosophie, afin de se pénétrer intimement de son sujet, de grouper et déduire exactement les dates. A peu d'exceptions près, et ces exceptions sont marquées d'un astérisque *, les noms d'hommes ou d'événements sont inscrits le jour où l'homme célèbre a cessé de vivre et où l'événement s'est passé. La coïncidence du jour de la date et du jour de la leçon ne serait pas un des moindres moyens de graver la leçon, d'une manière durable, dans la mémoire de l'élève.

L'instituteur aura soin de juger les hommes et les événements d'après les règles de la raison et de l'humanité, et en se gardant bien de tout ce qui aurait l'air d'un appel aux passions de l'époque. Car la grande leçon qui ressort des vicissitudes de l'histoire, c'est le pardon réciproque des souvenirs.

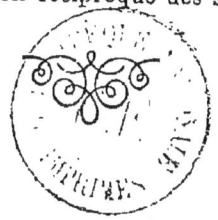

N° XIII.

LES TACHES

QUE L'ON REMARQUE SUR LE SOLEIL,

D'OU VIENNENT-ELLES ?

PREMIER HISTORIQUE

DE LA QUESTION.

1. Galilée ayant (en 1609), à l'âge de 45 ans, enrichi la science du télescope, ne pouvait manquer de porter son instrument sur le soleil ; et il ne pouvait pas manquer de rencontrer les taches dont nous allons parler, et qu'il signala à l'observation de ses amis les astronomes.

2. Deux ans après cette découverte, le P. Scheiner (ce qui en allemand signifie FAUX), de la Société de Jésus, prétend avoir vu le premier ces taches, dans un ouvrage publié en 1611, sous le pseudonyme de *Apelles post tabulam latens*, par un magistrat d'Augsbourg, nommé VELSER.

GALILÉE accusa SCHEINER de plagiat, crime odieux alors, et qui, sous la plume de Dumas, aujourd'hui, est passé dans les œuvres pies de la Société de Jésus.

Je crois à la parole de Galilée le grand, plutôt qu'à celle de celui qui se cache sous un faux nom. D'autres astronomes, au nombre desquels nous retrouvons Kepler, prétendirent les avoir vues avant Scheiner *.

3. Les taches que Galilée avait découvertes sur la surface du soleil furent observées, décrites et figurées dans ces premiers temps de la découverte, avec un soin que les recherches des modernes n'ont pas dépassé.

On avait constaté qu'elles apparaissaient noires, irrégulières, anguleuses, entourées de *facules* (parties plus transparentes); on les trouvait souvent entourées d'ombres, qui sont quelquefois jaunâtres.

Enfin, en admettant que ces taches adhèrent au soleil, on prenait le parti d'admettre, d'après les changements plus ou moins réguliers de ces taches, que le soleil était animé d'une rotation de 25 jours et 14 heures, en sorte que les taches reviennent, par rapport à nous, au même point du disque solaire, en 27 jours 12 heures 20 minutes.

Nous terminons ce paragraphe au point de vue que l'on professait du temps de Lalande.

(*) L'ouvrage primitif de Galilée publié en 1610 à Padoue adopte déjà le système de Copernic, pour lequel, en 1633, le grand homme, âgé de 70 ans, fut condamné, après une indigne torture, par l'idiote inquisition de Rome, à faire amende honorable!!!

Lalande semble partager l'opinion de la Hire, pour lequel les taches sont les éminences d'une masse solide et opaque, qui nage dans la matière fluide.

DEUXIÈME HISTORIQUE

DE LA QUESTION.

4. Nous comprenons, sous ces mots, l'époque occupée par Wilson, auteur du *système* (en 1760) admis par William Herschell, avec quelques modifications, et professé dans nos écoles jusqu'environ à 1865, avec sa nomenclature nouvelle; ce qui fait une série d'environ 80 ans : près d'un siècle! c'est un peu long en comparaison des progrès rapides des autres sciences.

Au reste, plus j'étudie les explications des astronomes sur les phénomènes observés, plus je vois, sauf le respect que je professe pour leurs immenses calculs, qu'en général ils sont meilleurs observateurs que grands penseurs ; et plus je regrette que les riches instruments dont ils disposent, aux frais de l'État, ne soient pas abordables au public qui, sans tant de calculs, en ferait certainement un meilleur usage. Je reviens à la question.

Wilson, en 1760, admit, dans le soleil, l'existence d'une boule noire et opaque, surmontée d'une masse enflammée et lumineuse, qu'il appela *photos-*

phère, mot grec que le mot anglais et français désignait suffisamment ; car *photosphère* se compose de deux mots : *phérô* (je porte), *phôs*, *phôtós* (la lumière).

Ces taches seraient donc le corps noir du soleil, mis à découvert et apparaissant, d'espace en espace, sous forme de taches.

William Herschell, le grand astronome, qui découvrit *Uranus*, se laissa entraîner dans un pareil enfantillage, qu'il modifia à sa façon.

Soleil, grand astre, créateur de notre univers particulier, je te demande pardon d'un pareil blasphème ; on te faisait descendre ainsi au rôle d'un tison que nos petits soufflets allument de leurs expirations. Ne nous arrêtons pas à une telle indécence classique, qui dure depuis cent ans, si ce n'est pour mentionner une seconde couche de ce badigeonnage qu'on a nommé *chromosphère* (de deux mots grecs : *phérô* je porte, *chrôma* la coloration) ; parce que nos petits yeux ont aperçu une certaine coloration sur le soleil, à travers l'immense nuage de notre atmosphère.

Mettez-moi ce *globe noir* comme du charbon, cette *photosphère*, cette *chromosphère* au pilon de la raison, et n'en parlons pas davantage ; nous avons une autre fantasmagorie solaire à remettre en position.

6.

TROISIÈME HISTORIQUE

DE LA QUESTION.

NOUVEAU SYSTÈME INTERMINABLE DE M. FAYE.

(Attaqué par le père Secchi, M' Vicaire, MM. Tachini et Respighi, etc.)

5. La querelle s'est engagée à l'*Académie des sciences* de Paris *; les journaux italiens ont répondu à M. Faye dans leurs propres journaux et à notre Académie, presque page par page.

Nous avons compté le nombre de pages; il en revient 163 in-4° à M. Faye, à peu près autant à ses adversaires, ce qui en porte le nombre à 326 : l'équivalent d'un volume ordinaire in-4°.

Jamais la prolixité habituelle de M. Faye n'avait été si loin; je ne sache, dans le monde des discoureurs, que le général Trochu qui lui soit comparable, sur ce point et sous tous les autres rapports.

---

*. *Comptes rendus hebdomadaires des séances de l'Académie des sciences*; elle dure encore aujourd'hui 19 mai 1873 depuis 1865: c'est-à-dire depuis 8 ans.

Dans le nombre de ces années, on en compte deux, 1870 et 1871, où M. Faye a gardé le silence. C'est qu'en ces deux ans sans doute, la peur a pris M. Faye et qu'il a quitté Paris.

6. Eh! pourtant de quoi s'agit-il entre les belligérants scientifiques? M. Faye fait engendrer les taches par des *cyclones;* ses adversaires, partisans du système de Wilson, les font remonter du fond du soleil ; pour les uns et les autres, les taches font le semblant d'être des corps solides; tandis que, d'après eux, elles ne sont qu'une vapeur qui vient, pour les uns du centre à la circonférence, et pour M. Faye de la circonférence au centre; deux opinions contraires qui, en fait d'analogies, ne valent pas mieux l'une que l'autre, et rapetissent le soleil, créateur de notre planète, à ce qui se passe dans notre petit bout d'atmosphère.

En parlant de l'explication si ridicule de Wilson et de William Herschell sur l'organisation du soleil, nous avons fait suffisamment justice de celle des Révérends Pères Secchi, Respighi, Tachini et Vicaire ; car elle en diffère de fort peu, si ce n'est en verbiage et récriminations, portées et rendues ; en fait de querelles entre les jésuites, à robe longue ou courte, il en est aujourd'hui comme il en était autrefois entre

Corsaires attaquant Corsaires
Qui ne faisaient pas leurs affaires.

L'esprit indépendant du temps s'en mêle aujourd'hui entre eux et malgré eux.

7. Il ne nous reste à attaquer que l'opinion du Père Faye dont la faconde est intarissable; car il s'y dorlote, à l'Académie, de tout son long, jusqu'à ce

qu'il s'aperçoive que l'Académie s'endort et qu'elle commence à ronfler même.

Pour le Père Faye, les taches ne sont que l'effet d'un *Cyclone* ; c'est là son opinion en deux mots ; elle est neuve, si elle n'est pas plus acceptable que les autres ; et nous sommes de ce dernier avis.

Vous dire toute la peine que s'est donné l'auteur pour étayer sa théorie, tous les frais de politesse qu'il a faits à gauche et à droite, à l'Angleterre, à l'Italie, à la France ! à l'exception de Lalande qui, vous le savez, fut dénoncé comme athée par Arago, d'abord à Napoléon Ier, puis, en même temps que nous, à la jésuitière de Polignac, sous la Restauration, et ensuite à la citoyenneté de Louis-Philippe, et enfin, jusqu'à sa mort, à la République réactionnaire de février 1848. Que Dieu, le vrai Dieu, lui pardonne ! il a assez souffert sous nos coups de fouet. Vous comprenez combien Lalande, si souvent dénoncé par le grand confrère Arago, doit se trouver bien heureux d'avoir été cité une fois par M. Faye, si dévoué à son digne maître Arago le grand.

Cependant il se trouve qu'après tant de calculs prodigués à la question, après tant d'éloges accumulés sur la tête de feu Arago, puis de feu Laugier son élève, de Carrington qui a consacré six ans de sa vie à l'inspection des taches du soleil, M. Faye finit par en arriver, en plus ou en moins, à l'opinion de notre De La Hire, adoptée par notre Lalande : à savoir, à la rotation de 27 jours de notre grand soleil.

Après avoir compris dans ses éloges les *photographies* de soleil et la grande découverte du *spectroscope*, etc., etc., etc., M. Faye émet enfin cette conclusion inattendue [*] : qu'il FAUDRAIT, POUR NOUS MIEUX METTRE SUR LA VOIE, DES OBSERVATIONS ENCORE MEILLEURES ET PLUS SUIVIES QUE CELLES DE M. CARRINGTON ; C'EST A LA PHOTOGRAPHIE SEULE QU'IL FAUDRA LES DEMANDER, ET A UN CIEL PLUS FAVORABLE QUE CELUI DE LONDRES.

Eh dire qu'il a FALLU la dépense de 326 pages d'attaques et de réponses, pour en arriver à jeter ainsi le volume au panier ! n'est-ce pas, mes chers lecteurs, que c'est me donner amplement raison, pour la thèse que je soutiens depuis près de quarante-sept ans. *Qu'il est urgent de jeter toutes les Académies dans le même panier des oubliettes, et de remplacer ces vieilleries par le concours du suffrage universel ?*

8. Enfin, le Révérend Père Faye abandonnant l'in-4° des *Comptes rendus hebdomadaires*, et comme épuisé par tant de fatigues et de combats, en est venu à résumer tout son système, dans l'*Annuaire du bureau des longitudes* pour 1873, petit in-24 de 564 pages, dont sa dissertation occupe 90 pages ; près du 6ᵉ du livre.

Ceux de mes lecteurs qui auront l'occasion de comparer l'article de mon *Almanach météorologique* pour 1872, page 103, SUR LE SOLEIL CRÉATEUR DE TOUT CE QUI VÉGÈTE SUR LA TERRE, avec le nouvel œuvre du Révé-

---

[*] *Comptes rendus hebdomadaires*, séance du 3 mars 1871.

rend Faye, dans l'édition de l'*Annuaire du bureau des longitudes* de 1873, ne pourront, je crois, se refuser à penser que le Révérend Faye a été grandement inspiré, dans ses conclusions, par la hardiesse de notre article, de manière à dévier de sa foi dans la Bible : car il admet définitivement l'idée de la destructivité du ciel, que professait Galilée ; et c'est pour cela que l'inquisition stupide et féroce eut la honte de livrer à la torture ce vénéré vieillard, qui s'était fait l'éditeur du système de Copernic, aujourd'hui partout professé.

9. Quant à l'*indestructivité* des cieux que le Révérend Faye déserte aujourd'hui, c'est par une fausse interprétation, par un détour trop brutal et trop indigne de la grande et éternelle nature, qu'il l'adopte.

Voilà bientôt trente-cinq ans * que nous avons démontré chimiquement l'organisation immortelle et non *destructible* des cieux, de manière que le soleil qui attire à lui tout le cortège de ses planètes, est lui-même attiré par la lumière d'un autre soleil, dont il est l'une des planètes et qui, à son tour, devient une des planètes d'un autre soleil, et ainsi de suite à l'infini avec une harmonieuse immortalité d'attractions et d'échange de lumière, qui embrasse et met en mouvement tout le monde des étoiles,

---

* Voyez le *nouveau système de chimie organique*, 2ᵉ édition tome III, 4ᵉ partie, 1838 ; et la *Revue complémentaire des sciences*, tome II, 1855, page 14 et suivantes.

dites fixes par les astronomes, dont la vie est trop courte pour assister à la marche grandiose de leur mouvement continu.

Dans le cours de son ébahissement communiqué et à la suite de cette révolution sidérale, il arrive une grande idée à M. Faye, la voici : le soleil une fois éteint, *les comètes n'auraient plus de queue !* Ajoutez un plus grand malheur : M. FAYE *n'aurait plus de langue; il en resterait pétrifié, comme la femme de* LOTH.

Mais de cette manière s'expliquent toutes les anomalies observées çà et là sur certaines étoiles. Les étoiles ne sont pas placées sur le même rang dans le firmament. Celles qui paraissent les plus grandes sont plus petites que celles qui nous paraissent plus petites, étant plus éloignées de nous que celles qui nous paraissent plus grandes.

Elles ne sont pas, dans la nature infinie des astres, jetées au hasard, comme un tas de poussière pour notre faible vue, qui s'habitue à voir cette perspective lointaine sur le même fond et à la même distance.

Tout s'y meut, quoique paraissant immobile; tout s'attire en tournant, non pas d'après le système absurde de l'attraction newtonienne, mais par la force organisatrice de la *chaleur-lumière*.

Reculez aussi loin que vous pourrez l'infini dans votre idée, vous ne parviendrez pas à atteindre nulle part la fin de ce commencement.

Les *nébuleuses* elles-mêmes sont des groupes de

soleils souvent mille fois plus brillants peut-être que le soleil qui nous éclaire.

La *voie lactée*, à son tour, est une profondeur immense de soleils qui roulent indéfiniment, à notre insu, avec l'harmonie de notre système solaire, que nous voyons de plus près.

Ce système d'harmonie céleste, répété à l'infini dans l'espace, explique admirablement bien les phénomènes d'apparition et de disparition de certaines étoiles, telles que l'étoile *O micron* sur le cou de la baleine, dont le plus grand éclat dure environ quinze jours, qui décroît pendant trois mois environ, devient invisible l'espace d'à peu près cinq mois et redevient visible pendant trois autres mois. Ce qui lui a fait donner le nom d'*étoile périodique*.

Vous concevrez par ce qui précède que cette étoile n'est redevable de sa périodicité qu'à des éclipses par ses satellites.

Les *étoiles temporaires*, qui ont paru avec éclat et disparu à tout jamais pour nous, pauvres petits atomes, ne sont que des soleils qui se sont rapprochés assez de nous en suivant leurs orbites, pour rester un instant à portée de notre vue, et qui, en continuant leur orbite se sont éloignés de nous, de façon à se soustraire à la puissance de nos plus riches instruments télescopiques.

Les *étoiles doubles* qui nous paraissent tourner l'une autour de l'autre sont peut-être entre elles à une distance plus grande mille fois que la distance de la terre à notre soleil.

Vous voyez par ce qui précède, combien paraît petit le système si vanté de la *mécanique céleste*, qui pétrissait les soleils avec la poussière des *nébuleuses*, poussière de soleils peut-être plus énormes chacun que le nôtre.

Je termine en ce point la trop rapide exposition de ce système chimique, dont les principaux atomes sont des soleils éblouissants de lumière; pour en revenir au triste rôle que le révérend père Faye fait jouer aux taches de notre soleil, et au soleil lui-même, notre immense créateur.

RÉFUTATION

DES CYCLONES

ADMIS PAR

M. FAYE,

pour expliquer les taches du soleil.

10. S'il est un système d'explication de ce phénomène des taches plus contraire aux faits observés, c'est bien celui qu'a imaginé M. Faye : celui de Wilson réduisait le soleil à n'être qu'un morceau de charbon brûlant au fond de nos cheminées, celui de M Faye réduit les taches à un coup de soufflet dont on ne verrait que le souffle.

Nous demanderons, en débutant, à quoi bon l'emploi de ce mot de CYCLONE, et quel besoin le langage scientifique en avait-il ?

Ce mot est tout moderne : il nous vient d'un Américain, M. Redfield, à la date de 1855. N'avions-nous pas, de longue date, un mot connu de tous nos marins, le mot de TROMBE ?

11. CYCLONE vient du grec *kuklos*, cercle, rond ; mais notre mot français TROMBE vient du grec *Strombos*, (par le retranchement de l'S initiale) ; ou du latin *vortex turbineus* ; il est défini par Boiste : « nuée épaisse comprimée par des vents contraires, qui la forment en tourbillon cylindrique. »

Enfin, si le mot CYCLONE ne signifie pas autre chose que le mot de TROMBE, pourquoi s'enfler la bouche d'une telle inutilité ? A force d'inventer des mots, MM. les savants oublient d'inventer la science.

Mais ce qu'il y a de plus certain, c'est qu'en prononçant ce mot de CYCLONE, M. Faye n'a pas songé à se faire la moindre idée du mécanisme qui engendre nos TROMBES sur la terre ; s'il avait commencé par là, il en aurait conclu qu'il est impossible à la raison d'admettre ces *trombes* dans le soleil.

Car nos *trombes* sont un effet de deux vents qui se heurtent et font tourbillonner ou l'eau des mers et des rivières, ou la poussière du sol et des déserts. Mais quelle est la cause qui refoule ces deux vents à l'encontre l'un de l'autre ? le VENT ou l'AIR agité ne s'agite pas lui-même. Cet effet réside dans la chute simultanée de deux immenses *nuages de neige ou de glace,* souvent invisibles par leur distance, mais qui descendent, en se fondant, de deux points opposés, refoulent, chacun de son côté, la couche d'air interposée et soulèvent ainsi, en un plus ou moins vaste remous ascendant, les molécules du sable ou de l'eau qui se trouvent à leur rencontre. Et vous voudriez admettre, sur la surface du soleil, l'existence d'une pareille impulsion de nuages de neige ou de glace ! car, sur la terre, la *trombe* n'émane que de là. Avouez enfin que l'admission d'une pareille cause est une insulte à la majesté ardente et lumineuse de notre créateur !

Tenez, monsieur Faye, jetez au feu un pareil blasphème, en même temps que les élucubrations de vos *partners;* les libres penseurs, enclins à pardonner à toutes les erreurs, effets de l'intelligence humaine, se contentent toujours de ce mode d'EXPIATION, à la place des tortures de l'inquisition.

CE QUE NE SONT PAS

LES TACHES

QU'ON APERÇOIT SUR LE SOLEIL?

12. Ces taches, vous les voyez sur le soleil, mais elles n'y sont qu'en apparence : elles voyagent bien loin de lui. Le soleil par lui-même est exempt de pareils accidents ; vous avez confondu l'ombre, qui éclipse la lumière, avec le corps de la lumière, le

fantôme qui passe avec la fantasmagorie qui persiste.

Si les taches étaient l'effet d'une trombe, idée émise pour la première fois par Galilée, qui regardait les taches comme une fumée ou un nuage d'une fumée ascendante, elles ne dureraient pas avec la même forme, jusqu'à 70 jours, sans avoir trop l'air de se déformer, comme celle que Cassini observa de 1676 à 1677.

13. Une trombe produit un cylindre ou un cône, et non une ombre noire, anguleuse, de différentes formes, mais chacune constante pendant assez longtemps.

14. De tout temps, depuis la découverte de Galilée sur l'apparition des taches du soleil, on a défini les taches comme tout autant de corps solides, noirs, entourés de *facules*, c'est-à-dire de surfaces plus transparentes. Pendant la durée de leur apparition, quelques-unes de ces taches se dédoublent en deux ou trois autres, ce que nos savants désignent sous le nom de se *segmentent*, c'est-à-dire se partagent en différents morceaux ; dès le principe des observations de ce genre, on en a vu changer leurs formes angulaires, croître, diminuer, se convertir en ombres et se fondre jusqu'à disparaître entièrement.

15. Ce n'est pas d'aujourd'hui qu'on a cru pouvoir estimer la rotation du soleil par la marche des taches ; Lalande admettait cette rotation de 25 jours et 14 heures ; nos modernes la font varier, à chaque

calcul, de 25 à 29 jours environ : rien de nouveau encore sur ce point.

16. Enfin on trouve dans divers auteurs cités par Lalande (*Abrégé d'astronomie*, 1774, § 936) que Mercure a été vu passer sur le soleil, et que ce passage n'était que celui d'une tache ; retenez bien cette méprise, que nous pourrons plus bas invoquer comme le préliminaire d'une vérité nouvelle.

QUE SONT DONC
LES TACHES
QU'ON REMARQUE SUR LE SOLEIL ?

17. Vous les voyez sur le soleil ; mais elles ne sont pas plus sur la substance du soleil que n'y sont Mercure ou Vénus, quand ces deux planètes en traversent l'image ; non pas que ces taches apparentes affectent la régularité de la marche d'une planète ; certes non, quoiqu'elles puissent appartenir à l'une d'elles, la plus proche du soleil.

Le rôle majestueux du soleil n'est point atteint d'une pareille anomalie ; il répugne à la haute philosophie de le supposer un seul instant. L'idée de la source d'une telle chaleur-lumière est incompatible avec celle d'une ombre quelconque. Rien de variable ne saurait être admis dans la source de feu qui anime tout ce qui l'entoure et lui imprime le mouvement. Toute ombre quelconque s'y fondrait, avant d'y être vue ; point de caprices variables* dans cette grande unité universelle ; les bizarreries apparentes ne sont, en propre, que ce qui est en train de se développer pour se perdre ou s'organiser.

Les taches viennent donc d'ailleurs :

18. Évidemment elles sont des nuages de glace ; et cette grande idée, admise aujourd'hui par les savants (à l'aide du plagiat), menace de donner l'explication d'une foule de doutes et plus tard de vérités en astronomie.

La partie noire est celle qui s'interpose entre le soleil et notre vue ; elle devient invisible, à droite et à gauche du soleil, par l'éblouissante clarté du soleil ; elle disparaît à l'équateur du soleil, parce que le nuage y fond trop vite, sous l'affluence directe des rayons du soleil ; les taches persistent au sud, n'étant atteintes que par les rayons indirects et impuissants du soleil.

Les *facules* sont les parties des taches devenues transparentes par suite de leur fusion ; toute tache noire peut finir, par la même fusion, par devenir *facules* et même se colorer un instant en forme de ce que nos inventeurs de mots ont appelé *chromosphère* (porte-couleur) ; car tout se colore diversement à la lumière du soleil, quand le corps se réduit en vapeurs.

---

* De 1650 à 1670, il en apparaît une ou deux qui passent vite ; de 1695 à 1700 une seule ; de 1711 à 1712, on n'en observe pas une seule ; en 1713, une seule en mai ; elles deviennent fréquentes dès 1740, etc.

Pour vous familiariser avec ces idées, il est bon de vous mettre au courant de mon système de météorologie *; quoi qu'il en soit, ces taches n'appartiennent qu'à une planète située à plusieurs millions de lieues du soleil.

Vous en trouverez de telles parfaitement figurées sur la figure de Jupiter, insérée dans les *Comptes rendus de l'Académie des sciences de Paris*, séance du 17 février 1873, page 423 du 76ᵉ volume, figures x, x, x, x, x.

19. Admettons un instant par hypothèse que ces nuages de glace soient charriés par l'*atmosphère éthérée* de Mercure, que nous avons appelée *mercuratmosphère* (je parle à mes lecteurs habituels**), cette mercuratmosphère dont le grand cercle atteint 900,000 lieues (le grand cercle de *terratmosphère* n'en ayant que 600,000), le centre de Mercure sera à 12 millions de lieues du soleil. Les nuages de glace, en semblant traverser la surface du soleil, ne seront visibles pour nous que dans le sud du soleil, parce que là ils seront pour nous en conjonction, que plus haut ou sur les bords, ils seront inondés de lumière et devenus partant invisibles à notre vue.

---

* Dans les deux ouvrages indiqués ci-dessus, *Nouveau système de chimie organique*, 2ᵉ édition, tome III, 4ᵉ partie. — *Revue complémentaire des sciences*, t. II, 1856.

** *Revue complémentaire des sciences*, 1ᵉʳ septembre 1855, page 46.

Cela est plus concevable que le *morceau de charbon* de Wilson ou le *cyclone* de M. Faye.

COMÈTE POUVANT SIMULER UNE TACHE SOLAIRE.

20. Autre explication du même phénomène : c'est l'approche d'une comète près de la *solatmosphère* ; elle pourrait nous présenter des *facules* et des nuages noirs, entre le soleil et nous.

LUMIÈRE ZODIACALE.

Ne pensez pas que notre *solatmosphère* ait rien de commun avec ce qu'on est convenu d'appeler *lumière zodiacale* ; ce en quoi, par un enfantillage astronomique, le premier observateur a cru voir l'atmosphère du soleil, et ce que tous les autres ont répété à la suite les uns des autres, bien que beaucoup d'entre eux ne l'aient jamais aperçu une seule fois dans leur longue vie. Ce phénomène, très-fréquent, le soir, sur l'immensité des mers, n'est que la réflexion de la lumière du soleil couchant, par les vapeurs de l'horizon ; ce que ce grand cercle horizontal ne peut produire que sous la forme d'un cône ou d'une langue de lumière ; vous concevrez ainsi combien il est difficile de rien voir de tel, du haut de nos observatoires, trop éloignés de la mer.

Et je finis sur ce dernier point.

N° XIV.

GALILÉE

ET

NOS DÉVOTS MODERNES.

Vous croyez tous, vous libres penseurs, qu'il prit un jour fantaisie à la sainte inquisition de Rome d'appliquer ses tortures à l'admirable Galilée, l'inventeur du télescope, dans le but de lui faire rétracter l'opinion de Copernic, que Galilée avait adoptée avec enthousiasme, à l'âge de 45 ans.

Galilée, à l'époque de sa persécution, était un noble vieillard de près de 70 ans.

Vous vous imaginez que le vieillard accusé, si tard, d'avoir embrassé une opinion contraire à la sainte Bible, laquelle aujourd'hui est reconnue avoir tort, tandis que Galilée avait raison et cent fois raison, que ce vieillard, plongé d'abord dans un cachot, fut forcé par le jeu de la torture, ou au moins de la terrible menace du jeu du chevalet, des souliers ferrés et des coins de fer, et toutes autres tortures au moyen desquelles les inquisiteurs d'alors savaient si bien faire rétracter les plus nobles convictions, qu'il se vit forcé, dis-je, de se rétracter à deux genoux et un gros cierge à la main, comme ayant proféré une hérésie digne de la *hart* ou du bûcher!

Eh bien, vous avez tort, vous répondent aujourd'hui nos dévots confits en pèlerinages à la Vierge, vous avez tort et trois fois tort, à ce qu'ils vous assurent. Je copie textuellement ce qu'ils disent: ils avouent à la vérité qu'après avoir prononcé à genoux son abjuration, Galilée ne put s'empêcher de dire à demi-voix : *E pur si muove* (et pourtant! c'est la terre qui tourne et non le soleil). « Mais, répondent
« nos dévots aujourd'hui, il n'est pas vrai qu'il ait
« été, comme on le croit vulgairement, plongé dans
« les cachots de l'inquisition et qu'il soit mort en
« captivité. On lui donna pour prison le logement
« même d'un officier supérieur du tribunal (MAIS
« toujours *sous la surveillance du saint-office*); il lui
« fut même permis, quelque temps après, de résider
« dans une maison de campagne, auprès de Florence,
« et d'y poursuivre ses études. NÉANMOINS, il ne vou-
« lut rien publier depuis; il perdit la vue à l'âge de
« 74 ans et mourut 4 ans après. »

J'extrais cette pieuse mystification du *Dictionnaire universel d'histoire et de géographie*, par M.-N. BOUILLET (20ᵉ édition); ouvrage approuvé par le *Conseil d'instruction publique*, par le *ministre de l'instruction publique*, par *l'archevêque de Paris*, béni par le pape Pie IX et imprimé, en 1871, par Hachette et Cⁱᵉ. On ne saurait avoir un livre plus dévot à combattre.

Au reste, le pieux Poujoulat avait soutenu la

même thèse en 1848, dans la triste Assemblée de cette époque: je pense même que Bouillet n'a fait que transcrire, d'après le *Moniteur*, l'opinion de ce saint affidé des jésuites.

Eh bien, j'ose déclarer à tous ces braves confits en dévotion, j'ose déclarer, au nom de l'histoire, qu'une pareille rectification n'est qu'un pieux mensonge et qu'une série de manifestes contradictions; à l'exception de la phrase : *E pur si muove*, qui est d'une incontestable vérité, et qui fait honneur à la véracité invincible de Galilée, en face de ce tas de scélérats d'inquisiteurs. Tout le reste est d'une fausseté facile à démontrer. Nous savons nous que toute accusation devant ce corps de féroces inquisiteurs, qui prétendaient défendre la vérité, au nom d'un Dieu de paix, d'amour et de pardon, commençait invariablement par la série d'horribles tortures, appliquées à l'accusé. Dans le procès-verbal de leur jugement, ces pères inexorables avouent eux-mêmes avoir fait subir à Galilée le *rigorosum examen* (LA QUESTION RIGOUREUSE), phrase sacramentelle de la série des tortures infligées à l'accusé.

Jamais Galilée, qui a prononcé la célèbre phrase *E pur si muove* en se redressant, n'aurait consenti à l'abjurer, sans la crainte de se voir soumis aux mêmes tortures que la première fois.

Au reste, si ces pères féroces de la foi s'étaient abstenus un seul instant d'abuser des droits de leur règle, ils n'auraient pas manqué de s'en prévaloir aux yeux de l'Europe qui s'indignait qu'un pareil traitement fût infligé au plus grand homme de son siècle; ils auraient fait mention de cette indulgence exceptionnelle dans le procès-verbal de leurs séances et dans la rédaction de leur jugement.

Au reste, nous avons le témoignage de Galilée lui-même, qui avoue avoir gagné une HERNIE à l'une de ces tortures, qui, dans la série de la question, porte le nom de *tormento della corda* (TORTURE PAR LA SUSPENSION DES MAINS ATTACHÉES A LA CORDE); pauvre vieillard, à l'âge de 70 ans !

Voyez de plus si ces pieux gredins se sont relâchés de leurs férocités envers cet homme de génie; ne l'ont-ils pas condamné à une prison indéfinie sous la surveillance, à l'obligation de réciter, pendant trois ans, une fois par semaine, les psaumes de la pénitence ; sans aucun doute sous la surveillance du même père inquisiteur ?

En proie à tant d'humiliations et de rigueurs, le grand homme, au bout de quatre ans, finit par perdre la vue; et, pendant ces quatre ans, il cessa d'augmenter ostensiblement le nombre de ses découvertes; en face de cette sévère surveillance qui le menaçait chaque fois ; et ce n'est que deux ans après sa condamnation, qu'il se risqua à confier au comte de Noailles, ambassadeur à Rome, qui retournait en France, un manuscrit sur la *chute des corps solides*, que le comte se hâta de livrer aux Elzévirs de Leyde; ceux-ci le publièrent in-4°, en 1638. Ses amis vinrent à bout de soustraire d'autres travaux du grand homme à la surveillance de ses incarcérateurs.

Messieurs les dévots, je conçois la peine que vous éprouvez, à la vue de l'indignation générale de l'opinion publique, qui n'a pas cessé de se manifester, dans tout l'univers, depuis cette époque, contre la stupide férocité de votre papisme infaillible et de ses inquisiteurs.

Car que devient votre infaillibilité devant une pareille bévue au sujet de la constitution de notre univers?

Qui a été infaillible, sur cette grande question? c'est le grand homme soumis à la torture.

Qui a été l'imbécile dénégateur? c'est le pape Urbain VIII, déjà mauvais poëte et plus mauvais penseur.

Tourmentez l'histoire tant que vous le pourrez; vous vous débattrez en vain contre sa voix solennelle; vous ne ferez que tomber, à chaque pas, d'une contradiction à une autre. On ne lave jamais une pareille iniquité; et vous n'êtes pas hommes à n'en plus commettre de semblable. Vous êtes des hommes de mensonge et de malheur : à la torture, vous avez substitué la fusillade; voilà votre progrès¡¡¡ il se fait à reculons, dans la boue et dans le sang.

N° XV.

LES ÉTOILES FILANTES
ET
LES BOLIDES.

1° Étoiles filantes.

Ce n'est certes pas l'observation qui manque à ce phénomène ; observations du vulgaire, observations des savants ; nous possédons aujourd'hui, outre l'observatoire fondé au Luxembourg, aux frais du gouvernement, une foule d'observatoires particuliers pour les étoiles filantes.

Il y a des temps où les observations s'empilent, à l'*Académie des sciences*, sur ce point particulier de la science : mais grand parlage, et rien au fond.

Ces étoiles, filles de l'air, sont devenues, pour nos savants salariés par l'État, une couche de *bolides*,

---

* Voyez le petit livret PEU DE CHOSE, MAIS QUELQUE CHOSE, paru dans le commencement de 1873.

répandus sur certaines zones que traverse de temps à autre notre atmosphère ; *bolides* inoffensifs qui jouent avec elle, sans lui faire le moindre mal.

On avait d'abord assigné les mois d'août et de novembre, comme étant les deux mois marqués par la périodicité de ces étoiles.

On s'aperçut ensuite que, sous l'équateur, cette périodicité disparaissait ; cependant la terre, qui les rencontre sous notre zénith, doit les retrouver partout, dans les vingt-quatre heures, à toutes les autres latitudes, puisqu'aujourd'hui on peut soutenir que la terre tourne sur elle-même et autour du soleil, sans risquer d'être condamné, comme l'aurait été le grand Galilée, à la hart ou au bûcher.

2° Changement d'irradiation des étoiles filantes d'après les lieux d'observation.

Enfin, la même pluie d'étoiles change d'origine, pour les étoiles fixes, selon les lieux d'observation. Ainsi la pluie effrayante de ces étoiles, qui a eu lieu le 27 novembre 1872 en Europe, et dont on a évalué le nombre à 3,000 et 2,500 selon les uns, à 13,802 selon d'autres, à 1,000 en une heure à Pola (en Istrie), cette pluie a varié selon qu'on l'a observée à Naples et à Ancône, en Angleterre et en Écosse. La variation est tout aussi grande, quant à l'indication des constellations d'étoiles fixes servant de centre de radiation; on voit alors que ce centre varie selon les localités de l'observation.

Observées à Munster, ce centre partait de Ψ ou φ de Persée (24° d'ascension droite et 50° de déclinaison).

A Breslau, le même centre partait de l'étoile du pied d'Andromède.

A Comorn, le point radiant était par 30° d'ascension droite et 50° de déclinaison.

A Pola (Istrie), ce point était par 22° d'ascension droite et 43° de déclinaison.

A Grenoble, il était entre Cassiopée et le carré de Pégase.

A Agen (Lot-et-Garonne), autour d'*Algol* de la tête de Méduse.

Près Monclar (*Ibid.*), le point radiant changeait de Cassiopée à Persée, au Bélier, au carré de Pégase, à la Baleine.

A Naples, le point radiant partait de γ d'Andromède (son pied).

A Sarlat (Dordogne), il venait des Pléiades.

A Mâcon, le point radiant était dans le voisinage des étoiles 51 et 54 d'Andromède, par 30° d'ascension droite et 40° de déclinaison.

A Christiania, le rayonnement partait de 27° d'ascension droite et 43° de déclinaison, etc., etc., etc.

Variations étonnantes des parallaxes ou des points de vue, selon les localités.

Quant aux étoiles filantes pendant le jour, on ne s'est pas mis dans la tête de s'en occuper, ce qu'on pourrait faire dans le fond d'une cave appropriée pour soustraire la vision à la lumière éblouissante du soleil.

Retenez bien toutes ces circonstances si variables selon la position des observateurs; nous nous expliquerons plus bas à ce sujet.

Je passe sur une foule d'opinions, plus bizarres les unes que les autres, que certains astronomes ont émises à propos de ce fait, telles que l'apparition de la comète de Biela, qu'on rapproche de cet événement du 27 novembre. Ces idées ne tiendront pas devant nos explications.

3° Définition à la simple vue de l'Étoile filante.

Une *étoile filante* n'est pas ce qu'on est convenu de désigner sous le nom de *bolide**; l'*étoile filante*** a l'air d'être une étoile qui se détache du

---

* Du grec *bólis, bolidos*, jet (jet d'une sonde), qui vient lui-même de *bállô*, je lance.

** Les différents peuples expriment cette idée d'une manière assez singulière: les Allemands, par exemple, les désignent sous le nom d'*étoiles qui se mouchent* (comme le paysan avec les doigts): STERNOSCHNUPPE, mot que le patois des Pays-Bas (*nieder deutsch*, en flamand *neder-duitsch*) a transformé en celui de *starre-snuitsel*, qui a la même signification.

ciel et file son chemin sur une partie de la voûte étoilée, pour s'arrêter aussi brusquement qu'elle a semblé s'en détacher; le *bolide* au contraire arrive en sifflant et se rapprochant de plus en plus près de la terre, contre laquelle il vient se briser.

Entre le *bolide* et l'*étoile filante*, il n'y a pas d'autre ressemblance. Le *bolide* éclate en fusée dans les airs, ou en morceaux sur la terre. L'*étoile filante* brille aussi brusquement qu'elle s'éteint; elle file et se perd.

Le *bolide* en un mot est un corps qui tombe; l'*étoile filante* est une vision.

4° Qui l'engendre ou la cause ?

Ce ne peut être qu'un nuage de pure glace, qui s'agite dans les régions les plus élevées de notre atmosphère, lorsqu'il lui arrive de réfléchir ou de réfracter, par ses différentes facettes, la lumière qui lui vient ou du soleil ou de toute autre planète ou satellite, de notre lune, ou même d'une étoile juxtaposée.

Nos nuages de glace, mes chers lecteurs, sont appelés à donner le mot de toutes les énigmes de l'astronomie, que débattent entre eux nos savants, sans venir à bout de les comprendre.

Prenez un cristal à diverses faces arrondies ou en creux, planes ou convexes, agitez-le en face du jour ou d'une lumière, ou bien dans une chambre obscure étoilée de différents jours, et vous produirez ainsi une pluie d'*étoiles filantes* la plus variée en direction et en coloration.

5° Formation des nuages de glace dans les airs.

Je vous ai démontré, il y a de cela près de vingt ans, qu'il doit se former, à certaines hauteurs de nôtre atmosphère, dont le grand cercle est de 600,000 lieues, des nuages immenses de glace, comme plus bas il se forme d'immenses montagnes de neige, et, comme, vers les pôles, il se forme des montagnes de glace, qui voyagent sur la mer, soutenues par ses vagues liquides.

Nos montagnes de glace nomades se soutiennent sur la mer par la puissance de l'air condensé entre les molécules d'eau glacée, vu que l'air est plus léger que l'eau; dès que la fusion de la glace arrive, l'air reprend son élasticité vésiculaire, de même que l'eau; et l'eau retourne à la mer, de même que l'air à l'atmosphère.

Or, de toute la surface de notre globe, il se dégage, à chaque instant du jour et de la nuit, des molécules d'*hydrogène*, le plus léger de nos gaz, qui enlève, autour de lui, les molécules d'eau et autres corps, de tous les minéraux qu'il rencontre sur son passage et forme ainsi les vapeurs; et, en se dilatant de plus en plus, il les emporte peu à peu dans les plus hautes régions, en continuant à se dilater, proportionnellement à son ascension.

Évidemment ces gouttes d'eau transportées par la *vésicule d'hydrogène* doivent, à une certaine hauteur, se transformer en montagnes de neige, par suite du refroidissement, et plus haut en montagnes de glace transparente; car les lois de notre caloricité sont les mêmes à toutes les couches de notre atmosphère. Au plus haut que vous pourrez atteindre dans l'espace, il se formera donc des nuages de glace cristalline de toutes les formes et aux mille faces et facettes.

Dès ce moment, et quand un pareil cristal, plus ou moins énorme, s'agitera, éclairé par une lumière quelconque, vous verrez filer au plus haut des airs une pluie souvent incalculable d'étoiles voyageuses; que la lumière vienne du soleil, devenu invisible pour nous, de la lune, de toute autre planète, ou de la première étoile venue.

Vous verrez alors, à chaque déplacement invisible du nuage de glace, se former à droite, à gauche, de haut en bas, de bas en haut, comme des traits de lumière qui iront s'éteindre plus loin, aussi brusquement qu'ils se sont montrés; et le nombre de ces *étoiles filantes* pourra devenir incalculable, à cause du nombre et de la taille des facettes du cristal qui en est l'auteur.

6° Position affectée spécialement par le phénomène.

Et c'est vers le nord de la terre que le phénomène aura lieu, là où se forment de préférence les nuages de glace; émanant, dans la même soirée, pour les uns d'une des étoiles de Persée, pour les autres d'une des étoiles d'Andromède, pour un troisième du Triangle ou du Bélier, etc., affaire de parallaxe; et tout changera de position à chaque manifestation du même phénomène.

7° Mois spécialement consacrés à ce phénomène.

On a cru remarquer en Europe que, le 9 août et le 9 novembre, étaient les deux époques les plus abondantes de ces sortes d'explosions; on a fini par convenir que les jours variaient du 9 au 30 *; peu importe du reste : mais voici pourquoi ces deux mois sont les plus féconds en ces sortes de fantasmagories.

Le mois d'août est le mois où la température chaude s'abaisse de plus en plus sur notre terre, et où par conséquent la température froide lui succède

---

* Cette année 1873, la pluie d'*étoiles filantes* a eu lieu le 3 août.

au plus haut des airs; nous avons expliqué ailleurs le mécanisme du phénomène : c'est le mois des glaces dans les couches supérieures de l'air, et cela jusqu'au demi-diamètre de notre atmosphère éthérée, soit 100,000 lieues environ au-dessus de nos têtes.

Le mois de novembre est à la même distance du solstice d'hiver que le mois d'août l'est de l'équinoxe d'automne; il l'emporte sur le mois d'août pour le degré de froid; le phénomène y acquiert une plus grande intensité que dans tous les autres mois de l'année.

8° Les bolides.

Une vérité ne peut se faire jour, dans la science, sans être féconde en d'autres vérités; tout s'enchaîne dans la nature.

Un État civilisé doit bannir de son sein toutes les corporations destinées, par leur bigoterie, à éteindre les opinions, quelles qu'elles soient, qui leur sont contraires; dans le nombre de ces opinions, il s'en trouve toujours quelqu'une de vraie; ne la frappez donc pas, dès qu'elle se montre; les autres, si elles sont fausses, s'éteindront d'elles-mêmes. Ne salariez donc pas ces sortes de corporations; ce sont tout autant d'obstacles au progrès, et des sources d'erreurs payées par les contribuables, même par ceux qui ne croient pas en elles.

Cela dit une bonne fois, je vais vous démontrer

comment les *bolides*, qui sont des corps, émanent de mes nuages de glace, de même que les *étoiles filantes*, qui sont des phénomènes.

L'hydrogène, qui se dégage, en vapeurs d'eau, de la surface de la terre et des planètes, n'emporte pas que l'eau avec sa vapeur; il emporte avec lui les molécules de tous les métaux qu'il rencontre sur son passage : fer, nickel, arsenic, cuivre, mercure, etc.; ceci n'a pas besoin de démonstration.

Or, quand le nuage de glace se formera, il emprisonnera dans son sein toutes les molécules métalliques qu'aura surprises l'hydrogène qui se dégage et qu'il aura montées avec lui dans les airs.

Par la fusion du nuage de glace, toutes ces molécules s'agrégeront de nouveau ensemble par voie de pesanteur de leurs atomes, c'est-à-dire par voie d'affinité, et retomberont vers la terre, soit en poussière, soit en gros agglomérats; sous forme enfin de *bolides* plus ou moins volumineux.

Si l'on admet les prémisses, en niera-t-on la conséquence ?

N° XVI.

PHYSIONOMIE

DES FLEUVES ET RIVIÈRES

QUI ONT TRACÉ LEUR COURS A TRAVERS LES SOLS GRANITIQUES.

En étudiant comparativement le tracé des cours d'eau, je suis arrivé à constater la différence que présente le tracé de ceux qui ont eu à creuser leur lit à travers les sols granitiques:

Je ne saurais mieux le décrire, avec la plume, qu'en invitant mes lecteurs à se placer sous les yeux les fig. IV et IX de la planche VIII, la fig. VI de la pl. IX, de l'édition de 1866, de nos AMMONITES [*]. Ces figures représentent, au simple trait, les arborisations et leurs lobes qui se dessinent symétriquement sur les deux faces de la coquille;

---

[*] *Histoire naturelle des ammonites et térébratules des Basses-Alpes, Vaucluse et la Lozère*, par F.-V. RASPAIL; 64 pages, 11 planches, in-4° oblong, 1866.

on prendrait un tel tracé pour celui des cours d'eau dont nous nous occupons.

Car, dans ces figures d'arborisations, vous aurez tous les détails accessoires du tracé de ces fleuves; mais pour les lecteurs qui ne sont pas en possession de cet ouvrage, je leur signalerai un moyen plus usuel de se l'imaginer sans ces menus détails : joignez les mains, non pas pour prier Dieu, mais pour regarder en dedans les deux paumes jointes ; l'accolement des doigts vous figurera en partie le tracé curieux dont je parle.

C'est ainsi que se dessine le Lot, dans le département de la Lozère et du Lot-et-Garonne; l'Aveyron et le Viaur dans le département de l'Aveyron; la Vis et la source de l'Hérault, autour du Vigan (Gard); l'Euron, la Mortagne et la Meuse dans les Vosges, etc., etc., etc. Chose curieuse et non hasardée! nous retrouvons les mêmes caractères du tracé de deux immenses fleuves, dans le dessin de la carte de Jupiter que Tachini a fait graver dans les *Comptes rendus* de Paris*, sur les lignes marquées des lettres h, h, h et x, x, x.

---

* *Comptes rendus hebdomadaires des séances de l'Académie des sciences*, 17 février 1873.

N° XVII.

PRÉTENTIONS ET RÉSULTATS

DU

SPECTROSCOPE.

DÉFINITION.

1. Le spectroscope est un instrument très-riche et assez compliqué, destiné à dessiner, à travers l'un des angles verticaux d'un prisme de 60°, la flamme d'une bougie ou d'un gaz animé d'un métal y contenu à reconnaître et à mesurer, au moyen d'un micromètre éclairé par une autre bougie et réfracté par le même prisme sur une autre face, qui transmet les deux images coïncidantes, aux yeux de l'observateur, à travers le tube d'une lunette.

2. Le micromètre est divisé en millimètres, marquant sur la longueur les distances que la lumière colorée, animée par le métal, laisse sur l'image de cette règle.

Pour obtenir cette image, il faut trois tubes à verres grossissants, braqués sur le prisme ci-dessus.

3. La fente que produit le prisme peut être agran-

die ou diminuée, au moyen d'un diaphragme spécial destiné à être mis en mouvement par une vis de rappel.

PRÉTENTIONS

DES

SAVANTS.

4. Avec un pareil instrument, les savants, sur les traces des deux inventeurs Fraunhoffer et Wollaston (1814-1815), ont la prétention d'apprendre aux chimistes à reconnaître les différents métaux; et d'après les nouveaux venus Kirchhoffer et Bunsen, les métaux même qui brûlent dans notre soleil et les autres soleils que nous nommons étoiles.

Tentative la plus haute et presque infinie.

5. Nous prétendons, nous, rabattre une telle prétention infinitésimale aux mesquines dimensions de notre toute petite atmosphère.

Que notre savantasserie s'insurge tant qu'elle voudra, mais qu'elle écoute.

PRÉTENTIONS

DE

TOUTE FAUSSETÉ.

6. Quand il s'agit du soleil, rien n'est plus faux que ce que le spectroscope prétend y voir; il y a

trop loin de lui à nous ; et vous attribuez au soleil ce qu'en passant vous pouvez découvrir dans l'atmosphère de la terre.

7. Commençons d'abord par l'hydrogène. A une certaine distance de nous l'hydrogène peut conserver ses caractères ; mais il les perd peu à peu, en se dilatant, à mesure qu'il monte ; et il monte sans cesse. Or, à chaque dilatation nouvelle, à chaque degré qu'il monte, il augmente le diamètre de son volume comme 1 est à 3, ainsi que je l'ai démontré ailleurs[*] ; à force de monter, d'après cette loi, il doit finir par avoir l'impondérabilité de la lumière, l'impondérabilité de l'éther dans lequel nagent les mondes.

Or, que pouvez-vous voir dans l'éther ? l'éther c'est la lumière ; et ce n'est plus votre hydrogène, qui ne conserve quelques-uns de ses caractères que dans les couches les plus basses de notre atmosphère.

Astronomes modernes, cessez donc de voir l'hydrogène dans le soleil : c'est une injure que vous faites à cet astre, créateur de la terre.

8. Et après un pareil blasphème, vous en commettez un bien plus grave, en croyant reconnaître, dans le soleil, les métaux qui grouillent, ici-bas, sur notre terre ; et les métaux que vous fabriquez chaque jour de vos propres mains, en vos labo-

---

[*] *Nouveau système de chimie organique*, 2e édition, 1838, tome III, 4e partie.

ratoires, dans l'impuissance où vous êtes de les désassocier: tels sont les derniers venus, le *lithium*, le *thallium*, le *rubidium*, etc.

9. A la flamme incommensurable du soleil, cette grande unité, les métaux congelés sur notre terre, s'il leur était possible d'atteindre cet astre, n'y paraîtraient qu'avec des caractères que vous ne seriez plus aptes à reconnaître; mais ces métaux n'y arriveront jamais; ils seraient décomposés, avant d'avoir traversé les premières grandes couches de notre atmosphère, dont le grand cercle est de 600,000 lieues.

Avant d'arriver à ces limites, toutes les scories métalliques redeviennent hydrogène, dont elles étaient ici-bas la congélation.

Quant aux métaux que vous croyez voir dans le soleil, mes bons astronomes, vous les voyez tout simplement dans les couches inférieures de notre atmosphère, où les transporte l'*hydrogène* qui les avait ramassés en se dégageant.

10. Ce n'est pas le soleil que vous voyez, à travers la fente de votre prisme; vous en déformez l'image de cette façon. Un rayon de soleil n'est visible que sous forme d'un cône, dont la base frappe notre œil. Ce cône arrondi ne passe pas à travers une fente; il s'y dégrade.

11. Placez un peu plus bas, mes bons astronomes, ces protubérances et exhalaisons solaires que vous croyez voir émerger des bords du soleil; ces visions n'ont le plus souvent lieu qu'au bout de vos télescopes : ce sont des déviations oculaires, par l'effet de vos verres grossissants.

8.

CONSEILS
EN FORME
de
conclusion.

12. Aux chimistes je dirai : Au lieu de perdre ainsi votre temps à abuser de ce prisme de 60°, pour reconnaître des métaux anciens et modernes[*], que ne vous appliquez-vous à étudier par quelle addition ou soustraction de substances déjà connues se forment entre eux les métaux que vous entassez tous les jours, faute de pouvoir ensuite les séparer? J'irai moi-même jusqu'à vous inviter, jusqu'à vous prédire qu'en soumettant à des moyens d'analyse nouveaux, on peut, dès aujourd'hui, entrevoir que le *baryum* et le *strontium* ne sont qu'un alliage de *calcium* et de *silicium*; idem du *sodium* à l'égard du *potassium*, idem du *manganèse* avec le *fer* et avec le *cuivre*, idem du *plomb* avec l'*argent*, idem de l'*or* avec la *silice*, de l'*étain* avec le *mercure*, etc., etc., etc.

13. Aux physiciens, j'ajouterai : Habituez-vous à penser que la coloration des objets accessibles se fait dans l'angle de notre vue, et y varie selon l'ouverture de la pupille de chaque individualité, et souvent, pour certaines substances, selon l'incidence des rayons lumineux; la même substance réfléchis-

---

[*] Ne venons-nous pas de voir un brave observateur soumettre au spectroscope la CHLOROPHYLLE (*Comptes rendus*, tome LXXVI, page 1273), substance que les enfants connaissent tout.

sante passant, par les tons les plus opposés du carmin, du vert et du blanc, selon que lui tombe la même lumière.

14. Enfin aux astronomes : Comme calculateurs vous êtes forts; le calcul est une mécanique qui marche avec habileté et d'une manière régulière; à l'Académie des sciences, les mathématiques forment la partie la plus solide de ce corps. Si l'on m'en croyait, on mettrait tout le reste à la porte, pour retourner à la police des gouvernants, par laquelle ils ont tous commencé. Mais, comme observateurs en astronomie, vous en êtes encore à l'âge de grands enfants, et vous n'avez résolu encore aucun grand problème. Vous faites bien jouer la balance du calcul; mais, ne mettant rien sur le plateau, vous n'obtenez rien; vous enregistrez exactement une comète avec les riches instruments que nos bons gouvernants livrent à votre disposition, à vous

aussi bien que nous. La CHLOROPHYLLE est un mot forgé du grec, par Pelletier, pour désigner la *matière* VERTE DES FEUILLES (*chloros*, vert et *phyllon*, feuille); vous voyez par là si nous avions besoin d'un mot nouveau pour signifier cette même chose; leur science devient ainsi une science de nouveaux mots.

Or, est-il une substance dans la nature qui change à chaque instant plus que celle-là? La matière verte est un *caméléon végétal*, un mélange du contenu de la cellule avec la *potasse* et le *fer* (dit *manganèse*), qui prend, en se combinant avec la lumière solaire, toutes les couleurs de la gamme du spectre, depuis le vert du printemps jusqu'au jaune de l'automne. Elle change donc de couleur par progression constante à l'instant où vous l'observez à la lumière de votre instrument.

seuls et à l'exclusion de tout autre, une comète que le paysan voit même avant vous, avec ses seuls yeux, quand elle est de taille à être vue sans tant de façon. De la même manière vous enregistrez une des innombrables planètes qui tournent dans le ciel, dont un simple peintre d'histoire, Goldsmidt, a découvert 13 pour sa part, et il est mort à la peine, avec son faible instrument; et chacun pourrait en faire autant, s'il en avait le temps et la place. Mais quant aux grands principes de la nature, voilà plus de cent ans que vous les embrouillez, tous, comme des écheveaux de fil, et en vous déroulant à travers le système de l'attraction, posé sur une base absurde, et que vous ne changerez, selon votre habitude, qu'à la faveur du plagiat, lorsque vous en recevrez l'ordre.

Suivez donc votre voie d'exclusion envers tout homme indépendant, dont on vous débarrasse tous les dix-huit ans, par un immense sacrifice. Mais, mettez-vous bien dans la tête que votre règne finira, le jour où toutes vos places seront données, en vertu du suffrage universel, par un jury compétent. Jusque-là, tenez-vous-le pour dit, vous serez impotents, vous et vos enfants bénis; car vous ne saurez rien interpréter par la vraie analogie et arriver ainsi au grand principe de l'UNITÉ; de là viendra, encore pour quelque temps, que, sur toutes les questions, vous ferez fausse route, et que vous prendrez le bavardage pour l'observation.

Ne vous fâchez pas; réformez-vous, si cela peut vous plaire; pour moi je n'y tiens pas.

N° XVIII.

ÉPISODE ODIEUX

DES

JÉSUITES

AU PARAGUAY,

DE 1641 A 1649.

> *Sint ut sunt aut non sint.*
> Ricci, leur général.
> Ces hommes ne changeront jamais, l'humanité fait un devoir de les détruire. *Traduction libre.*

Nomination de Dom Bernadino de Cardenas à l'évêché du Paraguay.

1. Il y avait en 1641, sous le règne de Philippe IV, dans les provinces conquises par les Espagnols, un religieux de l'ordre de Saint-François, honnête, fort doux de caractère et grand prédicateur, du nom de Bernardino de Cardenas. Depuis cinquante-six ans qu'il avait pris l'habit, il avait mérité l'es-

time générale; c'était le plus ancien prédicateur de son ordre, dans ces contrées, et le plus ancien gardien de *Chuquisaco* et de *Charcas*, dans la province des *Douze Apôtres* (de Lima) et dans la ville de *los Reyes*. Il avait été nommé, par le concile provincial de *la Plata*, visiteur général de sa province et curé général de ces vastes contrées, habitées par des Indiens, qu'il fallait ramener de la frayeur, inspirée par leurs conquérants, à la confiance du gouvernement nouveau.

Il se montra envers eux tel que, plus tard, notre Fenélon envers les protestants persécutés.

Retard éprouvé dans l'expédition des bulles.

2. Philippe IV le nomma, en conséquence, évêque du Paraguay. Mais à une telle distance de la mère patrie, les missives n'arrivaient à cette époque qu'au bout souvent de deux ou trois ans; car elles s'égaraient souvent en route; et c'est ce qui arriva quant à la nomination royale et aux bulles du pape, pour la désignation de Cardenas au siége du Paraguay. Ainsi en décembre 1638, il avait reçu avis de sa nomination par la voie de la cour et par une lettre du cardinal Barberini, président de la congrégation *de propagandâ fide*; or, en 1641, les pièces authentiques de la nomination n'étaient pas arrivées encore, ni de Madrid ni de Rome, à l'évêque.

Désordres occasionnés par ce retard.

3. Pendant ces trois ans, le désordre s'était glissé dans l'église de l'Assomption, siége de l'évêché du Paraguay, sans que l'évêque, nommé à cet évêché, osât se faire sacrer par un collègue, malgré toutes les instances qui lui étaient adressées de toute part.

Décision prise après une consultation mûrement réfléchie.

4. Cardenas s'adressa donc à l'évêque de Tucuman son plus proche voisin, car Tucuman n'est qu'à trois cents lieues de l'évêché de l'Assomption; l'évêché de Buenos-Ayres, qui n'en est éloigné que de deux cents lieues, étant vacant comme le sien.
L'évêque de Tucuman réunit différents ecclésiastiques, parmi lesquels des jésuites; et, sur le vu de la dépêche du roi et de la lettre confirmative du cardinal Barberini, notre petit conciliabule fut d'avis que la consécration était autorisée; et elle eut lieu le 14 octobre 1641.

Heureux début de l'évêque Cardenas.

5. L'évêque Cardenas se rend donc à son siége; il dépose, entre les mains du doyen des chanoines, les pièces authentiques de sa consécration; le chapitre lui remet la gestion du gouvernement spi-

rituel de son Église; Cardenas prête serment entre les mains des chanoines et dirige son Église en paix, pendant cinq mois, au bout desquels ses bulles lui arrivèrent, par le Pérou, de la ville du Potosi; leur date, du 18 août 1640, témoignait suffisamment qu'elles étaient antérieures à l'époque de la consécration de Cardenas par l'évêque de *Tucuman*, laquelle avait eu lieu le 14 octobre 1641.

La régularité de toutes ces opérations devenait ainsi incontestable.

Mais un fait précédent menaçait déjà de se reproduire : on n'avait pas oublié, dans le chapitre, que par le conseil du recteur du collége des jésuites, on avait violemment chassé le dernier évêque du Paraguay, Christoval de Aresti, pour mettre en sa place un homme de paille, de la société de Jésus, nommé Gonzalès de Santa-Cruz, qui s'était passé de la nomination royale et des bulles de la papauté; en général, les jésuites savent se passer de tout cela. Il y avait donc à craindre que la même circonstance se reproduisît.

Cependant, dans le premier temps de son gouvernement, Dom Bernardino Cardenas exerça sa juridiction à la satisfaction universelle. Les jésuites eux-mêmes ne parlaient de lui que comme d'un apôtre, que son éloquence plaçait sur le même rang que Jean Chrysostome et saint Charles Borromée; ils le vantaient à cause de sa pauvreté évangélique et de sa ferveur chrétienne; la paix régnait ainsi depuis trois ans dans cette contrée.

Mais voici où la guerre commence
contre cet évêque tant et si justement loué.

6. Les magistrats du Paraguay requirent, à ce moment, leur évêque d'aller visiter les provinces de Panama et de l'Uruguay.

Une telle invitation fut un coup de foudre pour les jésuites.

Car ils gouvernaient en souverains ces deux provinces ; ils y possédaient vingt-quatre cures, dans lesquelles ils ne tenaient aucun compte d'observer les règles du concile de Trente et les lois du royaume d'Espagne.

Pendant que les religieux curés de l'ordre de Saint-François recevaient leur évêque avec le respect et l'affection qu'il méritait, les jésuites au contraire n'oubliaient aucun moyen pour l'empêcher de visiter les curés de leur ordre à eux. L'évêque en effet n'aurait pas manqué de découvrir combien mal ces gens-là administraient leurs ouailles, et surtout la quantité inouïe d'armes entassées par eux, çà et là, qu'ils tenaient en réserve pour armer, quand ils en auraient besoin, les Indiens incrédules contre les chrétiens et les bons Espagnols ; et enfin l'or qu'ils entassaient jour par jour, dans ces riches provinces, au détriment du trésor royal espagnol.

Comme ces saints pères de Loyola ne croient qu'à la corruption ou à la violence, ils commencèrent par là ces moyens qui jusqu'alors leur avaient si bien réussi, pour gagner à leur cause les magistrats de l'ordre judiciaire et militaire.

Ils offrirent à l'évêque vingt mille écus pour le détourner de cette visite; mais ils s'aperçurent avec étonnement qu'ils s'adressaient à un homme ayant fait vœu de pauvreté et qui restait fidèle à son serment.

Dès ce moment, les jésuites, fidèles aux ordres de saint Ignace, ce chevalier armé de toutes pièces, pour la défense de la statue de la vierge de Montserrat, déclarent la guerre à outrance au saint évêque qu'ils désespéraient de gagner.

Ce n'était plus à leurs yeux l'apôtre aussi éloquent que Jean Chrysostome ou Charles Borromée, qu'ils avaient préconisé pendant trois ans ! En avant la fourbe et le mensonge; ils l'attaquent dans leurs chaires hardiment, comme un intrus qui n'avait pas été consacré évêque, vu, disaient-ils, qu'il ne l'a été qu'avant d'avoir reçu ses bulles.

Vous comprenez la puissance de cette équivoque; ces bons pères sont façonnés à ce jeu qui les sert si bien, dans l'occasion: c'est mentir, mais avec adresse*; et cette adresse, ils la poussent jusqu'au sang.

---

* Un jour que la justice était à la recherche d'un coupable, elle rencontre un jésuite qui venait de le confesser : elle lui demande s'il ne l'avait pas vu. Le jésuite, introduisant la main dans sa manche, leur répond: Il n'a pas passé par là (*dans sa manche*) et il continue sa route en toute sûreté de conscience : il n'avait pas menti, à ses yeux, par cette restriction mentale.

De ce pas, ils offrent mille écus au gouverneur Dom Grégorio Hinestrosa, pour s'emparer de l'évêque; ils emploient onze jours à rassembler huit cents Indiens aguerris, armés par eux de mousquets, de coutelas, de flèches et de frondes; ils les font commander par des mestres de camp, des capitaines et des sergents, avec drapeaux et tambours en tête.

Ils publient, dans toutes les contrées habitées par les Indiens, que l'évêque se préparait à entrer chez eux, accompagné de ses ecclésiastiques, dans le but de pénétrer dans leurs habitations, pour y prendre leurs femmes.

Jésuites armés en guerre.

7. En conséquence, le gouverneur d'Hinestrosa se met à la tête de cette armée, ayant à ses côtés sept pères jésuites armés en guerre; ils permettent à ces Indiens incrédules de piller, en passant, les villages chrétiens, d'y violer les femmes espagnoles ou indiennes converties; et arrivent ainsi triomphants jusqu'au bourg d'Yaguaron, où l'évêque faisait sa visite.

Premier acte des jésuites.

8. Ils se mettent à la recherche de l'évêque, avec l'intention de le jeter, les fers aux pieds, dans un petit bateau qu'ils tenaient tout prêt, à quatre lieues,

sur les bords de la rivière du Paraguay, et de là le livrer à vau-l'eau.

Le gouverneur parvient à le retrouver dans l'église ; il le saisit à la gorge ; notre pauvre évêque se tient fermement à une colonne, se débattant contre ce misérable qui appelait à son aide, au nom du roi ; jusqu'à ce qu'enfin un religieux de l'ordre de Saint-François, qui accompagnait son évêque, vint à bout de forcer la main au gouverneur, ce qui permit à l'évêque d'aller prendre le Saint-Sacrement, se croyant ainsi inattaquable.

Le gouverneur, en effet, n'osait pas le toucher dans cet état ; mais il le tint assiégé, en plaçant des gardes à la porte.

Second acte des jésuites.

9. Le lendemain, et n'osant pas atteindre l'évêque dans cette position, notre scélérat alla se mettre en embuscade, avec ses complices les jésuites, dans une montagne située à quatre lieues d'Yaguaron pour s'emparer de l'évêque sur son passage, s'il venait à prendre la fuite, et en finir avec lui.

Heureusement qu'un voyageur qui passait par là, avec deux de ses filles, ayant surpris ces scélérats sur leur piége, dit à ses deux filles de continuer leur route, et retournant sur ses pas, il avertit l'évêque de ce qu'il avait vu ; et, par des chemins détournés, il le reconduisit dans la ville de l'Assomption, au couvent de Saint-François, où les religieux de Saint-Dominique et de la Mercy vinrent, ainsi que le clergé, lui rendre leurs devoirs.

Ce qu'apprenant, le gouverneur se met à jurer comme un enragé, et à blasphémer contre tous les saints et Dieu lui-même; et, dès ce moment, il conçoit un autre stratagème, c'est-à-dire un autre pieux mensonge : il fait savoir qu'il avait ordre du vice-roi de chasser l'évêque de tous les divers royaumes espagnols et de le priver de son temporel : ce qu'il exécuta, sous les ordres des révérends pères jésuites; du reste ils en avaient fait tout autant envers d'autres évêques ses prédécesseurs.

Ils déclarent donc le siége vacant et nomment, à la place de l'évêque un chanoine ignorant et qui avait perdu tellement la raison que son père s'était vu dans la nécessité de l'enchaîner.

En même temps, ils éloignent de la ville une vingtaine de gentilshommes les plus nobles du pays et les plus probes, qui soutenaient la cause de l'évêque; et par ce moyen, ils font entrer dans la ville de l'Assomption les Indiens incrédules qu'ils avaient enrégimentés, à force d'argent et de promesses.

Excommunication lancée contre ces conspirateurs par le proviseur de l'évêque.

10. Les jésuites se moquèrent de cette excommunication majeure; et de quelle des lois catholiques ne se sont-ils pas moqués depuis trois cents ans

qu'ils existent? Ils firent publier partout, à l'aide du pauvre fou qu'ils avaient fait remplaçant de l'évêque, que ces excommunications étaient nulles et sans valeur; ils finissent enfin par s'emparer du véritable évêque, le déposent dans une barque, et l'abandonnent au courant de la rivière du Paraguay.

Chassé de son évêché avec une telle violence par les jésuites, l'évêque se réfugia à *Corrientes*, grande ville située à 85 lieues de l'Assomption, sur le confluent du Paraguay et du Parana, et qui était de la juridiction de *Buenos-Ayres* dont le siége était vacant : il passa deux ans dans cet exil.

Pendant tout ce temps, le gouverneur, vendu à la société de Jésus, forçait les citoyens, par la terreur qu'il inspirait, à se rendre à l'église des jésuites, en dépit de son interdiction, et cela sur les ordres du chanoine idiot qui commandait à la place de l'évêque. Il alla plus loin : il fit signer par force aux hommes, aux femmes, aux petits enfants, une série odieuse de mémoires calomniateurs, contre l'évêque si indignement persécuté.

Changement de ce gouverneur infidèle et menteur; mais jamais les jésuites ne changent.

11. Un nouveau gouverneur succède à ce coquin de Hinestrosa; mais les jésuites continuent leurs impiétés : la maison qu'ils occupaient, au milieu de la ville de l'Assomption, était une espèce de château fort, armé, au dehors et au dedans, de ca-

nonnières pour la défendre. Ils gagnent d'abord le nouveau gouverneur, et dénoncent l'évêque devant l'audience royale de *Chuchisaca*, de la manière la plus calomnieuse.

Mais l'audience royale maintient l'évêque dans son siége et se contente de l'inviter à venir se justifier.

Les jésuites passent outre; et, à force d'argent, ils viennent à bout de faire assiéger l'évêque dans sa cathédrale ; ce qui dura quinze jours, pendant lesquels l'évêque put se nourrir de ce que ses fidèles lui faisaient passer par les fenêtres de la sacristie ; grand crime, aux yeux des jésuites, dont ils voulaient punir les coupables à leur manière.

Le gouverneur s'amendant, en vue de tant d'iniquités, supportées avec tant de patience par l'honnête persécuté, vint implorer son pardon auprès du saint évêque, qui sur-le-champ lui rendit son amitié.

Le gouverneur reniant plus tard sa conversion.

12. Le calme ne dura pas longtemps entre le gouverneur et l'évêque; on ne tarda pas à en savoir la raison : les jésuites faisaient de grands cadeaux à sa femme. Ils en font rarement de tels, habitués qu'ils sont à en recevoir de toutes mains.

Nouveau crime des jésuites.

13. L'évêque, ayant repris son autorité, voulut exercer un acte de ses attributions, dans le collége des jésuites; l'archidiacre de la société tira sur lui un coup d'arquebuse chargée à balle; mais la main lui tremblait trop, et l'évêque ne fut pas atteint.

A ce bruit le gouverneur et le peuple accoururent pour prêter secours à leur évêque, puis se mirent à la recherche de l'assassin, qui avait filé sur la rivière; mais là ils le trouvèrent escorté de six pères jésuites armés d'arquebuses pour défendre leur collègue.

Ces braves religieux ne s'arrêtèrent pas là dans l'art de faire la guerre; il leur fallait à tout prix chasser de son diocèse l'évêque qu'ils abhorraient, comme trop attaché à ses principes religieux et aux intérêts de son roi.

Ils confient d'abord le soin de leur vengeance à un nommé Sébastien de Léon, qui n'était rien dans l'État, si ce n'est un excommunié, et qui pousse l'impiété jusqu'à s'engager publiquement à arracher l'évêque de son église, quand même il tiendrait le Saint-Sacrement entre ses mains.

La justice de l'Assomption s'étant refusée à lui donner main-forte pour exécuter cet ordre, les jésuites s'adressent à leurs provinces de Parana et de l'Uruguay, assurés que là ils trouveraient au moins mille Indiens incrédules, pour l'exécution d'une entreprise aussi sainte qu'était celle de chasser un évêque de son église.

Au lieu de mille, ce Léon en trouva quatre mille de bonne volonté, prêts à marcher à la voix des jésuites, leurs compagnons, dans ces expéditions sanglantes mais productives pour eux.

Cependant, quand ces braves compagnons incrédules apprirent que l'expédition n'avait pour but que de chasser un évêque de son église, ils se débandèrent et retournèrent chez eux. Ce jeu à leurs yeux n'en valait pas la chandelle.

Le gouverneur leur cède enfin, mais il meurt.

14. Les jésuites se retournent d'un autre côté : ils finissent par gagner avec leur argent le gouverneur lui-même. Il faisait si chaud ce jour-là, vers minuit, par le vent du nord (ce qui est le contraire de ce vent en Europe), que le pauvre gouverneur n'était vêtu que de simple taffetas et tenait son pourpoint tout déboutonné ; il sort donc avec eux par une porte secrète qu'ils avaient sur la rivière, afin d'échapper à la vigilance des gardes, dans le piége qu'il allait tendre à l'évêque, pour l'amener dans la barque où les jésuites voulaient le jeter. Mais voilà qu'au milieu de leurs préparatifs, le vent vire tout à coup au sud, qui est un vent glacial : le gouverneur tombe comme frappé d'apoplexie et meurt sans avoir pu désigner son successeur. Tout semble renversé pour ces scélérats ; mais ils sont hommes

à lutter, dans tous leurs actes, contre la nature et contre Dieu même : lutte de l'enfer contre le bien.

Nouveau contre-temps pour les jésuites.

15. Charles-Quint avait prévu ce cas, en donnant pouvoir aux habitants de la ville de l'Assomption, dans le cas où le gouverneur mourrait sans avoir désigné son successeur, de le nommer eux-mêmes, en attendant que l'audience royale de la *Plata*, qui était à la distance de 500 lieues, ou que le vice-roi, qui se trouvait à 800 lieues, eussent eu le temps d'en désigner un autre.

En vertu de cette autorisation, les habitants de la ville de l'Assomption ne crurent pas trouver un homme plus digne de les gouverner que leur évêque, et ils le forcèrent, bien malgré lui, à accepter cette dignité. Nous avons sous les yeux l'acte motivé de cette nomination et approuvé de toutes les autorités de la ville, ainsi que la constatation du serment prêté par l'évêque, contresignée par toutes les autorités de l'endroit. Tout cela se passait le 4 mars 1649.

Expulsion des jésuites de la ville de l'Assomption.

16. En suite d'une telle élection, obtenue à l'unanimité et du consentement de toutes les autorités de la ville, la première pensée qui se présenta aux yeux de

tout le monde fut que le meilleur moyen d'avoir la paix c'était d'expulser de la ville les pères jésuites, les seuls auteurs des troubles scandaleux qui avaient affligé le pays; et cela eut lieu à la grande joie de toute la cité et sans la moindre difficulté. Ces gens-là ne résistent jamais à la foule, mais ils ne cèdent jamais non plus; ils conspirent chaque fois par le mensonge et la corruption.

Insurrection impie des jésuites.

17. Ces bons saints pères se rendirent en toute hâte au Pérou auprès de l'audience royale. A beau mentir qui vient de si loin; ils se vantèrent d'avoir réussi à ce tribunal; ils agirent comme si cela était vrai, et se composèrent sur-le-champ une armée de quatre mille Indiens incrédules, recrutés dans les provinces de Parana et de l'Uruguay, à la tête de laquelle ils mirent l'excommunié Sébastien de Léon. Ces Indiens étaient ennemis mortels des Espagnols; mais qu'importait cela aux fils d'Ignace de Loyola, ce brave Don Quichotte de la Vierge?

Sébastien de Léon s'avance vers la ville, s'en disant gouverneur : la ville lui dépêche deux pères religieux de Saint-François et de Saint-Dominique, pour lui dire que, s'il a mission de gouverneur, il n'avait qu'à se rendre dans la ville pour montrer ses provisions, et que, vérification faite, la ville, qui se vantait d'être fidèle au roi, le reconnaîtrait gouverneur.

Sébastien de Léon reçoit ces religieux avec insolence,

leur déclarant qu'il saurait se passer de cette formalité, à la tête de son armée.

À une aussi inique marque d'insolence et de mépris des lois, les citoyens ne pouvaient répondre qu'en acceptant le combat, en dépit de l'infériorité des forces dont disposait la ville de l'Assomption; et le combat eut lieu.

Quatre cents Indiens restèrent sur le carreau, ainsi qu'un père jésuite; cependant les habitants furent vaincus par le nombre, après avoir fait preuve du plus grand courage, et en perdant les plus braves de leurs gentilshommes; et les jésuites entrèrent triomphants dans la ville, qu'ils saccagèrent en y mettant le feu; car ces bons pères savent que qui aime bien, bien châtie. De leur côté les Indiens violèrent les femmes jusqu'à les faire mourir de honte après les avoir attachées aux arbres, celles du moins dont ils purent s'emparer; toutes les autres ayant pris la fuite dans les montagnes pour s'y cacher.

Quatre jésuites à cheval couraient de bataillon en bataillon, pour commander l'attaque de l'église, dans laquelle se tenait l'évêque avec les magistrats et un certain nombre de femmes épouvantées.

Ils enchaînèrent une vingtaine de prêtres, et à leur suite les alcades, et les menèrent, les fers aux pieds, dans des cachots infects, où la plupart tombèrent malades.

Ils font garder l'évêque, dans son église, par six cents Indiens, qui se nourrissaient de chair humaine qu'ils faisaient rôtir sur la braise.

Ils gardèrent ainsi, à l'aide de ces Indiens incivilisés et barbares, ces malheureux et leur évêque, en empêchant autant qu'ils le pouvaient les fidèles de leur faire passer des aliments : quand, sur l'annonce que le prélat était mort de faim, ils se hâtent d'ouvrir une des trois portes de l'église pour venir vérifier le fait; ils trouvent l'évêque appuyé sur le grand autel, revêtu de ses habits pontificaux et tenant le Saint-Sacrement entre ses mains. Ils se mettent à l'injurier, lui prodiguant les mots de menteur, d'excommunié, le poussant et le repoussant entre eux. Ils lui arrachent le Saint-Sacrement des mains, le chassent enfin de son église et l'emprisonnent dans une chambre de l'une des maisons voisines; chambre si petite et si obscure qu'il ne pouvait y respirer que par les fentes de la porte ; ils lui donnèrent pour gardiens cinq cents arquebusiers et mousquetaires indiens, avec défense, sous peine de la vie, de lui parler.

Ils le gardèrent ainsi onze jours, après lesquels ils vinrent lui signifier de signer son abdication, et sans lui donner le temps de le faire, ils envoyèrent copie de cet acte supposé dans les villes de *Corrientes*, de *Sainte-Foy,* de *Buenos-Ayres,* de *Paraguay* et de *Tucuman*. Dans l'espoir de flétrir et de déshonorer ce malheureux si horriblement persécuté, ils le dépouillèrent de tous ses papiers, titres et bulles, et le déposèrent dans une petite barque commandée par les Indiens dont nous avons parlé, avec ordre de ne le relâcher qu'en face de Sainte-Foy, qui est à la distance de 200 lieues du Paraguay.

Belle conduite de l'évêque de Buenos-Ayres.

18. Ils n'y parvinrent pas : c'est ainsi que le 7 janvier 1650, l'évêque de Buenos-Ayres, indigné d'un tel sacrilége, défendit de publier et d'afficher, en aucun lieu de sa juridiction, aucun de ces libelles diffamatoires; il alla plus loin : il déclara excommunié, *ipso facto*, quiconque ne reconnaîtrait pas, comme évêque du Paraguay, Bernardino de Cardenas, et, comme impies, les scélérats qui le persécutaient.

Triomphe de l'évêque en arrivant à la Plata.

19. C'était, ce jour-là, le 17 mars 1651. Depuis la pointe du jour, des masses de religieux de tous les ordres, hors ceux des jésuites, suivis des Espagnols et des Indiens et Indiennes catholiques, se portèrent, les uns à pied, les autres à cheval, jusqu'à *Yotolu*, par où l'évêque de *Paraguay* devait arriver, et ils l'attendirent sans désemparer jusqu'à 5 heures du soir, heure à laquelle il fut aperçu de loin par la population enthousiaste, y compris les Indiens précédés de leurs drapeaux et de leurs fanfares. Les cloches des églises et des couvents s'ébranlèrent, hors une seule que vous devinez ; l'évêque passa sous une masse d'arcs de triomphe, à travers des bannières portées de distance en distance. La foule lui baisait les mains, les prêtres chantaient le *Te Deum*. Un acte de cette belle journée fut dressé par le NOTAIRE ROYAL et contresigné par les autorités de la ville.

Déconvenue de l'évêque devant l'audience royale de la Plata.

20. L'audience royale resta froide devant l'explosion de la joie publique; les jésuites l'avaient gagnée : ces bons pères se vantaient déjà, à cette époque, d'avoir, auprès de toutes les cours, des gens affidés à leur ordre, et au moyen desquels ils étaient sûrs, dans chaque cas, de toute impunité; et ils disaient vrai : n'avaient-ils pas eu le père Cotton auprès d'Henri IV qu'ils finirent par faire égorger; et plus tard n'ont-ils pas eu le père Lachaise et le père Letellier auprès de Louis XIV, à qui son confesseur permit de vivre avec toutes les maîtresses qu'il voulut? Les jésuites ont toujours suivi cette règle; alors comme aujourd'hui, ils ne s'effrayent jamais de leur impopularité: ils la bravent.

Le même jour de cette marche triomphale, ils publièrent, de leur côté, la chanson suivante dont nous donnons la traduction :

> Peuple insensé, peuple volage,
> Qui n'aimant que l'illusion,
> Cours, avec tant de passion,
> A ce qui te nuit davantage,
> C'est nous qui sommes les docteurs,
> Tes maîtres et tes conducteurs.
> . . . .
> Toi donc, peuple insoumis, règle mieux ta conduite;
> Suis la société, demeure son ami.
> Fuis un évêque mis en fuite;
> Redoute les géants et ris d'une fourmi.

Contre de pareils vers, il parut une foule de réponses ; les jésuites s'en moquèrent.

Ils ajoutaient en tête d'un autre couplet :

> Cloîtres, chapitres, AUDIENCE,
> Tout le monde a besoin de nous.

L'AUDIENCE confirma cette chanson par son silence.

L'évêque résolut en conséquence de partir pour l'Europe, afin de venir plaider la cause de la justice aux pieds du trône.

Mais arrivé dans la ville de *Cordoue*, dans l'intention d'y passer pour s'embarquer dans celle de *Buenos-Ayres*, il y rencontra un nouvel obstacle dans la personne d'un auditeur que les jésuites y avaient envoyé exprès pour tout entreprendre afin de rendre son départ impossible.

Dernier effort de ce saint évêque.

21. Déçu dans toutes ses espérances, affaissé par tant de souffrances et commençant à succomber sous le poids des années (il avait soixante-dix ans), notre digne évêque prévoyant bien tout ce dont il était menacé dans un si long voyage sur mer, au milieu des mille difficultés que n'auraient pas manqué de faire naître autour de lui les agents du corps infernal de la société dite de Jésus, notre digne évêque pensa que le succès de la cause qu'il avait entreprise, dans l'intérêt de la religion outragée et de son gouvernement spolié, exigeait souveraine-

ment qu'il envoyât à sa place, à la cour d'Espagne, un fondé de pouvoir assuré pour sa fidélité ; et il fit choix d'un religieux de son ordre de Saint-François, le nommé frère Juan de San Diego Villaton, religieux laï (laïque) et procureur de l'évêque dans la province de *Tucuman*, *Paraguay* et *Buenos-Ayres*.

Le religieux assisté de deux autres, l'un visiteur de son ordre et l'autre supérieur du couvent de Saint-François, à *Corrientes*, avait mission de réfuter, à l'audience royale de Madrid, les calomnies avancées par le père jésuite Julien de Pedraça contre l'évêque de Cardenas.

Ces trois fidèles partent donc, le 15 avril 1649, de l'habitation et *bourg d'Youti,* munis de toutes les pièces et procès-verbaux démontrant l'ignominie de toutes ces calomnies ; ils montaient deux *basses* (barques du pays) pour descendre la rivière de *Tibiquari* jusqu'au gouvernement de la *Plata* et *Tucuman*, où ils se proposaient de s'embarquer.

Mais, arrivés à *Saint-Iago*, où les jésuites dominent, deux cents Indiens, à leurs ordres et tous armés, viennent leur barrer le passage, et forcent les deux barques d'aborder ; et là ils dépouillent les trois religieux de tout ce qu'ils portaient en fait de papiers, et de plus d'une somme de plus de six mille cinq cents réaux.

Chaque fois qu'ils trouvaient une nouvelle pièce, ils couraient la porter à trois jésuites qui se tenaient cachés dans la montagne ; et cela dura jusqu'à l'arrivée, dans ce lieu, d'un prince indien de l'autre côté de la rivière, qui, ce jour-là, allait à la chasse et qui les débarrassa de cette canaille.

Ce prince, qui n'appartenait pas aux jésuites, leur déclina les noms des trois jésuites cachés dans la montagne, et leur recommanda de ne pas continuer à suivre le fleuve, car les Indiens dévoués aux jésuites ne manqueraient pas un peu plus bas de les tuer. Ils se virent donc obligés de se rendre à la ville de l'Assomption, à travers les bois et les montagnes, ne vivant que de bourgeons de palmiers qu'ils trouvaient sur leur route.

Enfin, à force de précautions, nos pauvres religieux eurent le bonheur d'échapper aux piéges tendus, sur toute leur route, par ces brigands de saint Ignace de Loyola, et ils arrivèrent en Espagne, après s'être munis de nouvelles pièces, remplaçant celles dont ils avaient été dépouillés.

Tout n'est pas fini, quand ils sont arrivés.

22. Non, car nos bons religieux trouvèrent, auprès de l'audience royale, les mêmes obstacles qu'en Amérique, et ils moururent tous à la peine eux et leur évêque*; et la cour ne s'aperçut de leur véracité que le jour où les jésuites, déjà souverains, par

---

* Ce que je viens de vous raconter est extrait d'un petit livre devenu fort rare et intitulé :
MÉMORIAL PRÉSENTÉ AU ROI D'ESPAGNE, *pour la défense de la réputation, de la dignité et de la personne de l'illustrissime et révérendissime* DOM BERNARDINO DE CARDENAS, *évêque du*

le fait, du *Paraguay*, se déclarèrent ouvertement indépendants de la couronne d'Espagne, et osèrent soutenir contre elle une guerre sanglante, au bout de laquelle, vaincus et désarmés, ils n'en sont pas

Paraguay, dans les Indes, conseiller du conseil de Sa Majesté et religieux de l'ordre de Saint-François, CONTRE LES RELIGIEUX DE LA COMPAGNIE DE JÉSUS, ET POUR RÉPONDRE AUX MÉMOIRIAUX PRÉSENTÉS A SA MAJESTÉ PAR LE PÈRE JULIEN DE PÉDRACA, PROCUREUR GÉNÉRAL DES JÉSUITES DANS LES INDES. TRADUIT FIDÈLEMENT SUR L'IMPRIMÉ ESPAGNOL.

NOTICE BIBLIOGRAPHIQUE. Ce petit livre a paru imprimé (*à la sphère*), sans lieu de ville, en l'an 1662.

Ch. Motteley, bibliographe très-compétent sur les elzévirs, dit, page 26 de son *petit aperçu:* « Au premier aperçu, on reconnaît ce livre comme étant sorti de l'imprimerie de DANIEL ELZÉVIR. » Mais il n'en donne pas la raison; cette raison, la voici : que ce soit un elzévir, la sphère le démontre, mais qu'il soit sorti de l'imprimerie de DANIEL, à Amsterdam, il y a une autre raison péremptoire : c'est le *cul-de-lampe* qui se trouve à la fin de l'ouvrage, page 322 (Ch. Pieters se trompe en ne donnant que 320 pages à ce livre). Cette figure venait à Daniel des presses de Bonaventure (son père) et Abraham (son oncle), imprimeurs à Leyde, dont il avait acheté le fond en 1652, de concert avec Louis III, son petit-cousin. On trouve ce même *cul-de-lampe* : 1° au bas du IIe vol. du SÉNÈQUE, à Leyde, 1629, page 712; 2° à la fin de la table du tome Ier du PLINE, de 1635; à la fin de la table du SALLUSTE, 1634 ; tous livres imprimés à Leyde chez Bonaventure et Abraham.

C'est au même signe que j'ai reconnu avoir été imprimés chez Daniel Elzévir le *Catéchisme des jésuites ou le Mystère d'iniquité* (par Estienne Pasquier), Villefranche, Grenier, 1677; les *Nouvelles lumières ou l'Évangile nouveau du cardinal Pallavicini*, à Paris, Jean Martel, 1676; et bien d'autres encore moins restés les maîtres du pays, jusque sous le dernier dictateur Lopès qui a péri enfin, en disputant sa vie contre les troupes de l'empereur actuel du Brésil (1865).

RÉFLEXIONS MORALES

SUR CETTE SÉRIE

D'IMMORALITÉS.

Je viens d'extraire, avec la naïveté d'un copiste, le récit de toutes ces horreurs, commises par des prêtres contre des citoyens de la même ville, de la même nation, de la même religion que leurs bourreaux; contre des prêtres eux-mêmes, enfin contre des sujets fidèles au même roi, et tout cela par la férocité d'une race impie.

On croit rêver, quand on se met à débrouiller ce tissu d'infamies, et l'on ne se réveille d'un pareil rêve qu'avec les angoisses du cauchemar!!! On se demande, en s'orientant, si toutes ces horreurs seraient encore possibles de nos jours, et si de tels coupables seraient encore supportés par notre société actuelle.

qui, en France, auraient mérité la hart; en Hollande, ces livres étaient universitaires.

Circonstance accessoire dans le même cas : ce petit elzévir intitulé *Mémorial*, que je tiens à la main, me provient de la bibliothèque de M. de Morante, qui a eu soin de lui donner une riche reliure, revêtue, sur les plats, de ses armoiries en or.

Comment! semble-t-on se dire, il pourrait se faire que, depuis trois cents ans, il existe encore une société de bandits d'une telle espèce, qui se targuent du nom de ce Jésus, qu'on nous dit mort sur une croix, et qui foulent aux pieds, dans de sanglantes batailles, les gens les plus fidèles à ce souvenir?

Notre société est donc complétement en délire; elle n'a donc jamais eu l'idée de punir de pareils scélérats, en vertu des lois qui frappent de bien moindres crimes? D'où vient une pareille anomalie?

Je vais vous l'expliquer.

Partout où la monarchie s'établit, la guerre civile est en permanence, en l'absence de l'égalité des droits; là domine la force; la force tient lieu du droit; et ce sont les plus rusés qui s'emparent de la force.

Or, il s'est trouvé, en 1540, une espèce d'exalté du nom d'Ignace de Loyola, qui, dans un accès de férocité contre ce qu'il appelait les hérétiques, s'est mis à instituer une société d'individus formés à toutes les roueries possibles pour arriver à ce but.

Nous les avons vus s'attacher aux souverains pour se les rendre propices, ou les égorger comme Henri IV, quand ils résistent à se laisser mener.

Après les rois, viennent les nobles et les riches, dont ils captent les héritages d'aussi loin qu'ils peuvent, et qu'ils obtiennent de toutes les façons: par la ruse ou le poison.

Ils ont l'absolution pour tous les crimes, la calomnie contre toutes les vertus.

Ils ont béni toutes les maîtresses de Louis XIV, jusqu'au Parc-au-Cerf de Louis XV et jusqu'à sa Dubarry ;

Toutes les guerres de Louis XIV ne furent que des guerres de religion: celles contre l'Angleterre et la Hollande, etc. De même les guerres de Louis XV.

En 1793 ils firent monter à l'échafaud le petit-fils de Louis XV, qui paya pour son bisaïeul, lequel avait eu la faiblesse de les chasser de France; après lui les parlements qui avaient signé cet arrêt; puis enfin les nobles et les bourgeois amis de Voltaire et de Rousseau, tandis que pas un seul jésuite n'a été guillotiné.

Depuis cette époque, et à peu près tous les 18 ans, la religion de ces hommes de sang a renouvelé la même razzia contre les philosophes : en 1815, massacre des républicains (sous le nom de *bonapartistes*); en 1832, le 6 juin, massacre des républicains, à Saint-Méry ; en 1848, le 23 juin, nouveau massacre des mêmes républicains par l'imbécile et poltron Cavaignac, leur homme, et le digne frère de Godefroy, tout aussi traître et aussi lâche que lui; le 2 décembre 1851, massacre atroce de femmes et d'enfants par l'ordre d'un prétendu neveu de Napoléon Ier, et à l'aide d'une masse de généraux soûlés d'or, aux dépens de la Banque, et de déguenillés de parvenus; et immédiatement après, massacres et déportations dans toute la province. Enfin en 1871, le 22 mai !!! Ici je me couvre les yeux: car autrement je ne pourrais manquer de voir la main des jésuites, à robe longue ou courte, portant le glaive des bourreaux sur de pauvres innocents.

Est-ce fini aujourd'hui pour cette série de saturnales ?

Non.

Non ! mes enfants, si vous ne conservez pas la République. Elle seule, bien entendue, peut nous débarrasser, par leur fuite, de ces hommes de carnage, et nous mettre, à tout jamais, à l'abri de la guerre civile, toujours leur œuvre. Car le suffrage universel ne permettra pas que le président, honnête homme, s'écarte de ses devoirs, que la décentralisation fasse fausse route, que le budget de chaque commune soit gaspillé, que l'impôt ne frappe que le pauvre et soit exorbitant pour le riche, et que le député oublie son mandat impératif. Sous un tel régime tout pour la France et tout par la France : plus de pauvres alors, le travail pour tous ; plus d'oisifs et de fainéants ; plus d'ignorants ; honneur à l'agriculture, au commerce, aux arts et à l'industrie ; plus de guerre entre les citoyens, plus de guerre entre les peuples.

N° XIX.

COMÈTES ET CHOLÉRA

Le 20 février 1873, je prédisais l'apparition d'une comète, par suite des brouillards secs et d'une grande sécheresse ; or, on découvrit une comète à Marseille le 3 avril, une seconde le 21 août, et enfin une troisième à Paris le 22 août 1873.

Aussi le choléra s'est-il déclaré en Amérique et en Europe, depuis le mois de mai jusque actuellement (septembre 1873), avec les alternances consécutives des pluies diluviennes dans les deux pays.

N° XX.

MOYEN DE RECTIFIER

LES ERREURS DE LA BOUSSOLE

SUR

LES NAVIRES CONSTRUITS EN FER.

Il est évident que, depuis que l'on a adopté le fer pour la construction de la carcasse des navires, la boussole a dû recevoir une certaine tendance erronnée dans ses indications : le fer sur l'aiguille d'acier.

On a cru remédier à cet inconvénient en plaçant, des deux côtés de l'aiguille, des barres de fer capables d'amortir, par échange, l'influence magnétique de cette énorme masse de fer forgé.

Cependant certains sinistres, plus ou moins déplorables, sont venus diminuer de beaucoup la confiance inspirée par ce moyen; et les académies des sciences ont remis, sur l'invitation de l'autorité, la question à l'étude.

Or, dans ce cas, ce sont les moyens les plus simples qui doivent arriver aux meilleurs résultats. Nous proposons donc le suivant ; commençons par les vaisseaux à voiles : On constatera d'abord, dans le port, la déviation que la carcasse de fer imprime par sa puissance magnétique à l'aiguille ; comparaison de l'aiguille ainsi influencée avec une aiguille placée dans son état normal.

Cela fait, on transportera une autre boussole, aussi haut que l'on pourra, à l'altitude du mât de grand *perroquet*, dont la hauteur égale les trois quarts de la longueur du vaisseau, et en général lui est entièrement égale ; il est évident que plus on arrivera haut et plus l'aiguille sera soustraite à l'influence magnétique du fer du navire ; on constatera la différence obtenue, qui se rapprochera de plus en plus de la direction de l'aiguille normale ; et l'on tiendra compte du tout pour la table des corrections.

Quant aux navires à vapeur on pourra emprunter, dans chaque port, ou y disposer un mât de rechange, qu'on abattra et qu'on relèvera à volonté, pour les besoins du service et pour les constatations comparatives de la boussole du quart avec l'aiguille d'en haut du mât.

On recommencera les observations comparatives en arrivant dans chaque port; on tiendra compte des déclinaisons affectées à chaque localité.

Je me trouve nulle part que cette méthode ait été indiquée : si elle a été signalée, il est bon de la faire connaître aux marins, qui l'ignorent ainsi que moi.

(Écrit le 20 juillet 1873.)

N° XXI.

NOS

NUAGES DE GLACE

A L'ACADÉMIE DES SCIENCES (*)

C'est au moyen du plagiat que l'Académie les accepte ; nous n'avons jamais voulu entrer dans ce grand corps qu'à ce titre.

Or qu'est-ce que le plagiat tout d'abord ?

D'après le *Dictionnaire de l'Académie française*, cette chère sœur de l'*Académie des Sciences* :

PLAGIAIRE (des deux genres), est celui qui s'approprie ce qu'il a pillé dans les ouvrages d'autrui... plagiaire effronté.
PLAGIAT. s. m. plagiat impudent.

Écoutez P.-C.-V. Boiste, dans son dictionnaire publié par Charles Nodier (*de l'Académie française*), dictionnaire bien supérieur à celui de l'Académie.

PLAGIAT, action, crime du plagiat..... vol littéraire.
PLAGIAIRE, qui s'approprie et pille les ouvrages d'autrui.... plagiaire effronté ; qui volait des enfants, des esclaves, qui vendait des hommes libres (chez les Grecs) ; dérivé de *plagà plagás* (en idiome dorique) et *plagè, és* (partout ailleurs, ce qui signifie : *coup de fouet* ; peine que le volé faisait subir à son

---

* *Comptes rendus hebdomadaires des séances de l'Académie des sciences*, 31 mars 1873, t. LXXVI, p. 870.

voleur). *Exemples de locution* : Rien n'est au-dessous d'un écrivain plagiaire (SHEFFIELD). Le plagiaire est un gueux revêtu des habits qu'il a volés.

Vous voyez que ce n'est pas nous qui décernons tous ces gros mots aux deux coupables suivants de ces deux crimes :

A M. Poey, de la catholique Havane, qui est le plagiaire en récidive*, et à M. Dumas (non pas l'Alexandre), mais le secrétaire de l'Académie, son recéleur.

Poey a présenté, du fond de la Havane, à la très-sainte Académie, comme venant de lui, toute notre nomenclature des nuages de neige et de glace.

Un témoin de cette séance, qui examinait les traits de Dumas, nous a assuré que jamais Dumas n'avait paru plus animé d'une rage triomphale qu'en donnant lecture à la pieuse assemblée du long extrait envoyé à l'Académie de Paris par le correspondant Poey, de la Havane ; il en tremblait de joie ; il couronnait ainsi la liste de nos plagiaires patentés, Roeper, Turpin, Payen, Brongniard fils, son beau-frère, Burigny de Versailles, le Dr Boucherie, le protégé de Louis-Philippe, etc., etc., etc.

Pour garer notre nom de ce protectorat d'une telle suite de *gueuseries*, qui durent depuis le ministère de Polignac, nous avons pris le parti du vieux barbier de la Fable, qui est de faire un trou

* Voyez notre *Revue complémentaire des sciences*, tome Ier, page 275, 1855.

sous notre tombe future, dans lequel trou je confierai à la terre le quatrain suivant :

> Dumas, le roi Dumas, a des oreilles d'âne,
> Frappé par Apollon, du haut de ses États,
> Pour avoir, les jours où l'Académie ahane,
> Couronné des dieux boucs les rauques plagiats.

Et les zéphirs qui, de temps à autre, viendront caresser ma modeste demeure éternelle porteront ce rébus à la postérité.

MES SOUHAITS
DE
BONNE ANNÉE.

LES MARÉES.

Qui débarrassera enfin l'*Annuaire du Bureau des Longitudes* de l'article des MARÉES et de l'application de la formule de La Place ? L'occasion est belle cette année 1874 : Dieu vient de rappeler dans les cieux le calculateur attitré Laugier. Cette formule, basée sur d'admirables calculs, j'en conviens avec tous ceux qui ne les ont jamais vérifiés, pèche complétement par la base elle-même, qui est conçue d'imagination, en dépit des premières règles de l'observation régulière et contrairement aux grandes lois de la nature : aussi a-t-elle fini par être en défaut dans presque toutes ses prévisions, tout autant que dans ses silences !

Je vais vous le dire :

Ce sera le *suffrage universel* appliqué aux observatoires ; car ce suffrage commence à se faire savant.

SENSIBLES AU THÉATRE, ÉGORGEURS DANS LA RUE.

J'ai vu des gens qui venaient de verser des larmes sur les malheurs d'un infortuné, jouer du casse-tête au sortir de là, ivres de rage ou de vin : tel le chien le plus fidèle qui vient de caresser son maître, et qui, un instant après, cherche à le mordre dans un accès de fureur. De même ces hommes : dans le premier cas, ils obéissaient aux penchants si doux de l'humanité ; dans le second, aux inspirations des provocations de la police ou aux provocations du besoin.

LE BESOIN.

Que de gens le besoin a amenés sur la pente du crime ! Si la société était sagement organisée, l'indigence y serait inconnue et à sa suite l'aveugle besoin.

L'AISANCE ET LA RICHESSE.

Ici les crimes sont mille fois plus rares que dans la pauvreté : l'instruction prévient les écarts, l'absence de la faim laisse ignorer les ressources du crime et même de la faute.

LA PEINE LÉGALE.

La justice, qui frappe de la même peine le coupable pauvre et le coupable riche, pèche contre la loi de l'égalité.

TALION.

Je conçois, chez les sauvages, la loi du *talion* : dent pour dent, œil pour œil, et tout s'arrête là ; c'est une balance qui oscille avec justesse, à défaut de justice.

Mais condamner à des mois et des années de souffrance une faute qui n'a duré qu'une minute ! je me demande souvent à quoi cela sert. La souffrance irrite et n'améliore pas ; l'homme en sort pire pour se venger de la loi vengeresse ; de la loi qui, en le flétrissant, au lieu de l'améliorer, le livre, en lui rendant la liberté, à la férocité de l'indigence.

QUEL EST LE VRAI COUPABLE DE CES NOUVEAUX FORFAITS ?

C'est une pareille société : cela devient alors un acharnement entre le coupable et la société, et c'est la société qui est la plus forte et porte le dernier coup ; et moi, qui les regarde du fond de mon cabinet, je ne prends parti ni contre l'un ni contre l'autre : ils me semblent coupables tous les deux, l'un plus que l'autre.

MOYEN D'ÉVITER LE COMBAT.

Il faut commencer par réformer la société, avant le coupable.

QU'EST-CE QUE LA SOCIÉTÉ ?

La société est une agglomération qui s'est multipliée, et dont les citoyens se prêtent un mutuel secours contre ses ennemis, rois ou bêtes. Pourquoi ne pas se secourir contre le plus grand des ennemis, qui est le besoin et l'indigence ?

PLUS D'OISIVETÉ.

Que le riche, qui consomme, rende à la société, par un travail conforme à ses forces et à son intelligence, le prix de sa consommation.

Que l'ouvrier ne manque jamais d'un travail capable de nourrir sa femme et ses enfants, si nombreux qu'ils soient; les enfants admis à l'asile, à l'école communale et plus tard au collège du canton.

Le travail et l'instruction pour tous et par les soins de l'État; que le travail soit rémunéré en raison du génie, mais produisant toujours suffisamment aux besoins de chacun.

Que le travail satisfasse à tous les besoins, et les crimes diminueront et finiront par disparaître.

Cultivez l'intelligence et vous ramènerez toutes les vertus.

QUI A DROIT DE TUER SON SEMBLABLE ?

1° Celui qui se défend contre un assassin;
2° Le bourreau, ou à sa place les soldats, sur

l'ordre des juges qui condamnent; et celui-là, la civilisation finira par le désarmer.

A tous les autres la loi a dit : TU NE TUERAS POINT.

Donc celui qui tue son semblable désarmé, celui-là est un assassin, quelque grade qu'il possède et quelque ordre qu'il en ait reçu.

Celui qui insulte sa victime, avant de la massacrer, est un monstre.

Il arrivera un jour où les peuples se diront : Qui donc nous ordonne d'aller prendre la place du bourreau, et d'aller tuer nos semblables, au lieu de les secourir? et ce jour-là, les rois, les prétendants et les héros iront loger à Charenton.

GOUVERNER ET ADMINISTRER.

Je vous l'ai dit depuis longtemps : il faut du génie pour mal gouverner; il ne faut que le sens commun pour bien administrer.

RÉGNER.

Pour ce métier, il n'est besoin ni de savoir gouverner ni de savoir administrer. Sur deux ou trois que l'histoire semble mettre au premier rang, on compte par centaines les rois fainéants, voleurs et féroces ; se moquant des lois, des mœurs, des intérêts de leurs royaumes; forçant leurs peuples à s'insurger ou mourant de leurs mains. En un mot, on en cite d'autres qui ont régné quoique idiots et morigénés par leur fou salarié. La même statistique s'applique à la papauté.

Chez les *présidents* de *république*, avez-vous jamais rencontré rien de tel ?

Qui donc préfère la royauté à la république ? Ce ne sont pas les peuples, qui ont horreur des armées permanentes. Les rois finissent par transformer leurs soldats en espèces de porte-flamberges trois fois plus fainéants, féroces ou fous que le premier des fous de la bande. Ramenez tous ces gens au travail pour les rendre raisonnables.

QUAND DONC LES PEUPLES AURONT-ILS LE SENS COMMUN ?

Quand il n'y aura plus un seul fainéant sur la terre.

QUAND DONC N'Y AURA-T-IL PLUS UN SEUL FAINÉANT ?

Lorsqu'à l'âge nubile il ne se trouvera de célibataires que les impotents.

FIN.

TABLE DES MATIÈRES.

	Pages
Correspondance de l'année 1874.....................	5
Comput ecclésiastique. — Quatre-temps. — Fêtes mobiles..	6
Commencement des quatre saisons en 1874. — Éclipses.	7
Explication des abréviations et signification des mots employés dans les calendriers de ce livre.........	8
Axiomes de météorologie..........................	12
Concordance du triple calendrier grégorien, républicain et météorologique pour 1874.............	15
Prévision du temps pour chaque mois de l'année 1874.	29
Physionomie générale de chaque mois de l'année 1874 d'après Cotte..................................	35
Observations recueillies à Versailles pendant l'année 1855.	39
Tableaux du lever et du coucher du soleil et de la lune.	52
Éphémérides des hommes et événements célèbres...	57
Les taches que l'on remarque sur le soleil, d'où viennent-elles?................................	98
Galilée et nos dévots modernes....................	117
Les étoiles filantes et les bolides.................	122
Physionomie des fleuves et rivières qui ont tracé leurs cours à travers les sols granitiques.............	132
Prétentions et résultats du spectroscope...........	134
Épisode odieux des jésuites au Paraguay, de 1641 à 1649......................................	141
Comètes et choléra...............................	168
Moyen de rectifier les erreurs de la boussole sur les navires construits en fer.........................	169
Nos nuages de glace à l'Académie des sciences.....	171
Mes souhaits de bonne année.....................	173

Clichy. Imp. Paul Dupont, rue du Bac-d'Asnières, 12

NOUVEAU SYSTÈME DE CHIMIE ORGANIQUE, à l'usage des manufacturiers et des gens du monde, par F.-V. RASPAIL, 3 gros vol. in-8° et un atlas in-4° de 20 planches, dont quelques-unes coloriées. 1838. — Prix. 30 fr.

NOUVEAU SYSTÈME DE PHYSIOLOGIE VÉGÉTALE, par F.-V. RASPAIL, 2 gros vol. in-8° et un atlas de 60 magnifiques planches dessinées et gravées par les meilleurs artistes. 1837. — Prix : avec planches en noir 30 fr. Avec planches coloriées .... 50 fr.

LES BÉLEMNITES FOSSILES RETROUVÉES A L'ÉTAT VIVANT, par F.-V. RASPAIL, in-8° de vi-48 pages, papier vélin, avec une planche coloriée, dessinée et gravée par son fils Bxq. Raspail. — Prix. .... 4 fr.

HISTOIRE NATURELLE DES AMMONITES ET DES TÉRÉBRATULES des Basses-Alpes, de Vaucluse et des Cévennes, par F.-V. RASPAIL. — Nouvelle édition considérablement augmentée et enrichie de 41 planches lithographiées par son fils Bxq. Raspail. — 1 vol. gr. in-4° oblong, format d'album. Prix .... 12 fr.

LA LUNETTE DU DONJON DE VINCENNES, Almanach de l'Ami du Peuple pour 1849, par F.-V. RASPAIL, représentant du peuple. — Prix. 75 c.

LA LUNETTE DE DOULLENS, Almanach de l'Ami du Peuple pour 1850, par F.-V. RASPAIL, représentant du peuple à la Constituante. — Prix 50 c. Par la poste .... 65 c.

PROCÈS ET DÉFENSE DE F.-V. RASPAIL, poursuivi le 19 mai 1846, en exercice illégal de la médecine, sur la dénonciation formelle des sieurs Fouquier, médecin du roi, et Orfila. — Nouv. édit. 1865, augmentée de la DÉFENSE en COUR D'APPEL. — Prix. .... 60 c. Par la poste .... 75 c.

PROCÈS PERDU, GAGEURE GAGNÉE, OU MON DERNIER PROCÈS EN 1856, par F.-V. RASPAIL. In-8°. — Prix .... 75 c.

NOUVELLE DÉFENSE ET NOUVELLE CONDAMNATION DE F.-V. RASPAIL à 15,000 fr. de dommages-intérêts, pour avoir demandé, le 8 novembre 1845, et obtenu le 30 décembre 1847, la dissolution de la société par lui formée avec le pharmacien-droguiste du n° 14 de la rue des Lombards. — Prix : 50 c. — Par la poste .... 65 c.

RÉPLIQUE AU SIEUR LÉON DUVAL. Paris, 1848. In-8°. — 9e édition. 10 c. Par la poste .... 15 c.

COLLECTION DE L'AMI DU PEUPLE, en 1848, par F.-V. RASPAIL. Ce journal, dont le 1er numéro porte la date du 26 février, se publiait le jeudi et le dimanche sur la voie publique ; il cessa de paraître à la suite de la journée du 15 mai. — Prix des 21 numéros .... 2 fr. Par la poste 2 50

N. B. — Les lettres non affranchies sont rigoureusement refusées. — Les envois se font en échange d'un mandat sur la poste ou sur une maison de Paris, ou contre remboursement.

14, RUE DU TEMPLE, A PARIS.

MANUEL ANNUAIRE
DE LA SANTÉ
POUR 1873
ou

MÉDECINE ET PHARMACIE DOMESTIQUES,

contenant

TOUS LES RENSEIGNEMENTS THÉORIQUES ET PRATIQUES NÉCESSAIRES POUR SAVOIR
PRÉPARER ET EMPLOYER SOI-MÊME LES MÉDICAMENTS, SE PRÉSERVER OU
SE GUÉRIR AINSI PROMPTEMENT, ET A PEU DE FRAIS, DE LA PLUPART
DES MALADIES CURABLES, ET SE PROCURER UN SOULAGEMENT PRESQUE
ÉQUIVALENT A LA SANTÉ, DANS LES MALADIES INCURABLES OU CHRONIQUES

PAR F.-V. RASPAIL.

28e année, ou 27e édition considérablement augmentée. 1 vol. in-18 de plus de
450 pages. — Prix : 1 fr. 50 c. — Par la poste : 1 fr. 80 c.

LE CHOLÉRA EN 1865 ET 1866. 3e édition, par F.-V. RASPAIL.
In-8°. Prix : 60 cent. — Poste, 70 cent.

LE FERMIER-VÉTÉRINAIRE, ou Méthode aussi économique
que facile de préserver et de guérir les animaux domestiques, et
même les végétaux cultivés, du plus grand nombre de leurs maladies, par F.-V. RASPAIL. — 1 vol. in-18. Prix : 1 fr. 25 cent.
et par la poste : 1 fr. 50 cent. — 2e édition.

Le Fermier-Vétérinaire a pour but d'apprendre aux fermiers, bergers,
éleveurs et propriétaires d'animaux domestiques à se passer du concours du
vétérinaire, dans les circonstances analogues à celles où le *Manuel annuel
de la Santé* apprend à chacun à se passer du médecin. Par une extension
d'idées dont les vrais agronomes apprécieront la justesse et l'opportunité,
M. Raspail s'est tout autant occupé, dans cet ouvrage, des maladies des végétaux cultivés et de leur médication que de celles des animaux eux-mêmes.

Appel urgent contre les empoisonnements industriels ou autres qui compromettent de plus en plus la santé
publique et l'avenir des générations, par F.-V. RASPAIL.
1 vol. in-12. — Prix : 1 fr. | Par la poste : 1 fr. 25 c. — 2e édition.

Clichy. — Impr. Paul Dupont, 12, rue du Bac-d'Asnières.

www.ingramcontent.com/pod-product-compliance
Lightning Source LLC
Chambersburg PA
CBHW070658100426
42735CB00039B/2314